学びやすい4つのポイント

本書は、PythonによるExcel操作をはじめて学ぶ方を対象に、わかりやすく丁寧な解説を行い、つまずきやすいポイントもしっかりフォローしています。ここでは、本書でPythonによるExcel操作のスキルが身に付く4つのポイントをご紹介します。

POINT 1　脱・Excel手作業！Excel自動化の方法が満載！

> PythonによるExcelファイルを操作するためのライブラリ「openpyxl」を徹底解説しています。

3-2-1　行や列の挿入

行や列の挿入には、Worksheetオブジェクトのメソッドを使用します。行を挿入する場合はinsert_rowsメソッド、列を挿入する場合はinsert_colsメソッドを使用しましょう。

行や列の挿入

行や列の挿入には、Worksheetオブジェクトのinsert_rowsメソッドやinsert_colsメソッドを使用します。引数には、行番号および列番号で挿入する位置を指定します（省略不可）。また、キーワード引数のamountを指定（省略可）。指定しなかった場合は1行または1列を挿入

構文	シートの変数名.insert_rows([行番号], [amount=挿入する行数])
	シートの変数名.insert_cols([列番号], [amount=挿入する列数])

例：変数ws（シート）の2行目に行を1行挿入する。
```
ws.insert_rows(2)
```

例：変数ws（シート）の3列目に列を2列挿入する。
```
ws.insert_cols(3, amount=2)
```

> 構文を使った簡単な例を紹介しています。構文をどのように使うのかがわかります。

> プログラムの基本となる構文（文法）について、シンプルにわかりやすく説明しています。

insert_rowsメソッドやinsert_colsメソッドでは、1行目やA列を1として、数値で指定した位置の直前に行や列が挿入されるよ。

1

POINT 2 業務シーンを想定した明日から使えるスキルを習得!

実践1 売上レポートの作成

業務シーンを想定して、Pythonを使ったExcelファイルの操作の自動化を行います。まずは、売上レポートの作成について概要を確認して、順番にプログラムを作成していきましょう。

売上レポートの作成の概要

飲料品を販売しているA社では、商品ごとに売上データが、CSVファイルに毎日作成されています。まず、日ごとに作成された「ある期間の複数のCSVファイル」のデータを読み込み、新しくExcelのブック（一時ファイルとする）を作成して、読み込んだデータを転記して保存します。次に、売上レポート用として新しくExcelのブック（売上レポートとする）を作成して、作成済みのExcelのブック（一時ファイル）からデータを転記して、日ごとの売上データの表を作成します。売上レポートは体裁を整え、さらにシートの追加や編集を行います。その次に、表のデータを基にしてグラフを作成し、表を完成させます。最後に、売上レポートをPDFファイルに出力（保存）します。

```
             Pythonのプログラム
         操作      操作         操作
   ┌──────┐       ┌──────┐      ┌──────┐
   │ CSV  │─データ→│ xlsx │─データ→│ xlsx │
   │ファイル│       └──────┘      │Excelのブック│
   └──────┘    Excelのブック      │（売上レポート）│
   ┌──────┐    （一時ファイル）     └──────┘
   │ CSV  │   ①データを読み込んで転記
   │ファイル│   ②体裁を整える
   └──────┘
   ┌──────┐              ③表の作成とデータ転記  ⑥グラフの  ⑦PDFファイル
   │ CSV  │              ④体裁を整える          作成       に出力（保存）
   │ファイル│              ⑤シートの追加と編集
   └──────┘
     ：
```

> 実践として、業務シーンを想定した、明日から使える自動化のスキルを習得します。

> 手順に沿って、Pythonのプログラムを段階的に作成しながら、Excelの手作業を一気に自動化します。

売上レポートを作るために、毎回これだけの処理を手作業で行うのは大変だね。Pythonを使って自動化するよ。
本書では①〜⑦の手順で、段階的にPythonのプログラムを作っていくよ。

手作業が自動化できれば、業務の効率化につながります。具体的な処理の手順は、次の

プログラムの1行1行の動きと実行結果を確認！

POINT 3

実践してみよう

次のようなブック「名簿.xlsx」を読み込み、1行目に行を挿入して、「姓」「名」のような項目行（**ヘッダ**）を追加してみましょう。また、「姓」と「名」の列の間に2列挿入して間を空けるようにしましょう。結果は、新しくブック「名簿(挿入後).xlsx」を作成して保存します。

Excel のブック：名簿.xlsx

	A	B	C	D	E	F	G	H
1	田中	太郎						
2	山田	花子						
3	佐藤	亮一						
4								

プログラムの実行前の Excel ファイルの状態を確認します。プログラムの実行後の Excel ファイルと見比べることで、理解が深まります。

構文の使用例

プログラム：3-2-1.py

```python
01  import openpyxl
02  
03  wb = openpyxl.load_workbook("名簿.xlsx")
04  ws = wb.active
05  ws.insert_rows(1)
06  ws.cell(row=1, column=1, value="姓")
07  ws.cell(row=1, column=2, value="名")
08  ws.insert_cols(2, amount=2)
09  wb.save("名簿(挿入後).xlsx")
```

構文の使用例（プログラムの実践例）を紹介します。どのようにプログラムを記述すればよいのか、実例ベースでしっかりわかります。

解説

01　openpyxlライブラリをインポートする。
02　
03　「名簿.xlsx」というファイル名のブックを読み込み、変数wbに代入する。
04　変数wb（ブック）を開いて最初に表示されるシートを取得し、変数wsに代入する。
05　変数ws（シート）の1行目に行を1行挿入する。
06　変数ws（シート）の1行目1列目のセルに、文字列「姓」を入力する。
07　変数ws（シート）の1行目2列目のセルに、文字列「名」を入力する。
08　変数ws（シート）の2列目に列を2列挿入する。
09　変数wb（ブック）を「名簿(挿入後).xlsx」というファイル名で保存する。

実行結果

```
C:\Users\fuji_taro\Documents\FPT2413\03>python 3-2-1.py

C:\Users\fuji_taro\Documents\FPT2413\03>
```

プログラムの1行1行すべての動きを解説しています。1行でも不明な部分があると理解できないのがプログラムです。

3

POINT 4 「よく起きるエラー」を取り上げ、対処方法を解説！

> プログラミングを学ぶときの挫折しやすい部分を「よく起きるエラー」として随所で取り上げます。

> エラーがどこで発生しているのか、そのエラーの意味は何かを解説します。

> エラーの対処方法を解説します。どこを修正したら正常に動作するようになるのかわかります。

⚠ よく起きるエラー

列の幅を設定する列を、列番号で指定するとエラーになります。

実行結果

```
C:\Users\fuji_taro\Documents\FPT2413\04>python 4-1-5_e1.py
Traceback (most recent call last):
  File "C:\Users\fuji_taro\Documents\FPT2413\04\4-1-5_e1.py", line 6, in <module>
    ws.column_dimensions[2].width = 15
    ^^^^^^^^^^^^^^^^^^^^^^^^
  File "C:\Users\fuji_taro\AppData\Local\Programs\Python\Python313\Lib\site-packages\openpyxl\utils\bound_dictionary.py", line 25, in __getitem__
    setattr(value, self.reference, key)
    ^^^^^^^^^^^^^^^^^^^^^^^^^^^^^^^^^^^
  File "C:\Users\fuji_taro\AppData\Local\Programs\Python\Python313\Lib\site-packages\openpyxl\descriptors\base.py", line 46, in __set__
    raise TypeError(msg)
TypeError: <class 'openpyxl.worksheet.dimensions.ColumnDimension'>.index should be <class 'str'> but value is <class 'int'>

C:\Users\fuji_taro\Documents\FPT2413\04>
```

- エラーの発生場所：6行目「ws.column_dimensions[2].width = 15」
- エラーの意味　　：文字列で指定すべき部分が、数値で指定されている。

プログラム：4-1-5_e1.py

```
01  from openpyxl import load_workbook
02
03  wb = load_workbook("経費.xlsx")
04  ws = wb.active
05  ws.row_dimensions[1].height = 40
06  ws.column_dimensions[2].width = 15   ← 列の幅を設定する列を、列番号で指定している
07  wb.save("経費(高さ幅設定後).xlsx")
```

- 対処方法：列の幅を設定する列は、列名（「"B"」のように）で指定する。

学習するプログラムのソースコードはすべてダウンロード可能

本書で学習するすべてのプログラム（実習問題や参考のプログラムも含めて）をダウンロードできるようにしています（詳細は表紙裏を参照）。

はじめに

Pythonは、シンプルにプログラムを記述することができて、データ分析やAIの機械学習、Excelの操作など様々な用途にも使えることから、近年最も注目されているプログラミング言語のひとつです。

本書は、業務での利用頻度が高いExcelの作業を、Pythonによって自動化するための入門書です。Pythonのインストールから最低限必要となるPythonの基本構文を解説し、Pythonを使ったExcelファイルを操作する方法（シートの読み込みや書き込み・シートの追加や削除・行や列の操作・複数シートの一括処理・書式設定・グラフ作成など）を学んでいきます。最後に実践例も掲載し、明日から使えるスキルを習得します。

本書は、プログラミングによる実習を数多く収録した作りとしています。実際に手を動かすことで、Pythonを使ったExcelファイルの様々な操作について学習できるようにしています。

Excelの手作業でいつも決まっている作業をしたり、複数のファイルを一括して作業したりするケースにおいて、Pythonを利用すると自動化（効率化）できます。これらExcelの手作業を、Pythonを使って自動化してみませんか？

Pythonをはじめて使う人にもご利用いただけるように、Pythonのインストール方法から開始し、最低限必要となるPythonの基本文法、さらにPythonからExcelを操作するために必要となるライブラリ「openpyxl」について解説しています。Excelの手作業をPythonで自動化するために、PythonからExcelのシートを操作するための様々な方法から、体裁を整える方法、グラフを作成する方法などを一通り学習します。最後の実践の章では、業務シーンを想定して、定型的なExcelの手作業をPythonで一気に自動化するプログラムを作成します。

なお、プログラミングの書籍は、一度挫折すると以降は進められない傾向がありますが、プログラムが正しく動かない場合の「よく起きるエラー」を随所でご紹介し、そのエラー原因と対処方法を解説しています。また、プログラムは1行でも不明な部分があると何をやっているのかわからなくなりますが、本書では1行1行のプログラムの動きを解説しているので理解が深まります。これらにより、自習書でも挫折をしないようにしています。

本書で学習していただくことによって、Excelの手作業を、Pythonを使って自動化するための基礎的な知識を徹底的に身に付けていただければと思います。

2025年4月27日
FOM出版

◆ Microsoft、Microsoft Edge、Windows、Excel は、マイクロソフトグループの企業の商標です。
◆ QR コードは、株式会社デンソーウェーブの登録商標です。
◆ その他、記載されている会社および製品などの名称は、各社の登録商標または商標です。
◆ 本文中では、TM や ® は省略しています。
◆ 本文中のスクリーンショットは、マイクロソフトの許可を得て使用しています。
◆ 本文で題材として使用している個人名、団体名、商品名、ロゴ、連絡先、メールアドレス、場所、出来事などは、すべて架空のものです。実在するものとは一切関係ありません。
◆ 本書に掲載されているホームページは、2025 年 1 月現在のもので、予告なく変更される可能性があります。

目次

はじめに……………………………………………… 5
本書をご利用いただく前に………………………… 9

第1章 PythonとExcel連携の概要を理解する……… 11

1-1 Pythonの概要……………………………… 12
1-1-1 Pythonとは…………………………… 12
1-1-2 Pythonの様々な利用シーン………… 13

1-2 PythonとExcel…………………………… 15
1-2-1 Excelファイルの操作の自動化……… 15
1-2-2 PythonとVBAの違い………………… 16
1-2-3 PythonとExcelを連携するメリット… 18

第2章 Pythonの環境構築と基本文法を学ぶ……… 19

2-1 実行環境の構築…………………………… 20
2-1-1 Pythonのインストール……………… 20
2-1-2 開発ツール…………………………… 23
2-1-3 プログラムの実行方法……………… 25

2-2 変数や関数………………………………… 32
2-2-1 変数とデータ型……………………… 32
2-2-2 数値の演算…………………………… 36
2-2-3 Pythonの関数………………………… 40

2-3 複数の値をまとめるデータ型…………… 44
2-3-1 リスト………………………………… 44
2-3-2 多次元リスト………………………… 49

2-4 制御構造…………………………………… 51
2-4-1 条件分岐……………………………… 51
2-4-2 繰り返し ～for文～………………… 55

2-5 エラーとデバッグ………………………… 60
2-5-1 エラー………………………………… 60
2-5-2 デバッグ……………………………… 61

2-6	ライブラリ	65
2-6-1	ライブラリとは	65
2-6-2	openpyxlとは	67
2-6-3	openpyxlのインストール	68

第3章

PythonでExcelを操作する

69

3-1	セルの操作	70
3-1-1	データの取得	70
3-1-2	データの入力	74
3-1-3	数式	77
3-1-4	パラメータ	79

3-2	行や列の操作	82
3-2-1	行や列の挿入	82
3-2-2	行や列の削除	85
3-2-3	行や列の非表示	87

3-3	シートの操作	89
3-3-1	シートの追加	89
3-3-2	シートの移動	92
3-3-3	シートのコピー	94
3-3-4	シート名の変更	96
3-3-5	シートの削除	98
3-3-6	複数のシートの扱い（一括設定）	100

3-4	ブックの操作	102
3-4-1	別のブックにデータ転記	102
3-4-2	複数ブックのデータを1つにまとめる	104
3-4-3	ブックの保護	110

3-5	ファイルの処理	113
3-5-1	ファイルの種類	113
3-5-2	ファイルの読み込み	114
3-5-3	ファイルの書き込み	119
3-5-4	PDFファイルとして保存	124

| 3-6 | 実習問題 | 128 |

第 4 章

Python で Excel の体裁を整える

.... 133

4-1 書式設定による体裁の変更 134

4-1-1 配置の設定 134
4-1-2 表示形式の設定 137
4-1-3 罫線の設定 141
4-1-4 色の設定 145
4-1-5 行の高さと列の幅の設定 149
4-1-6 文字設定の変更とセルの結合 152
4-1-7 表記ゆれの統一の設定 154

4-2 条件に応じた体裁の変更 159

4-2-1 入力規則の設定 159
4-2-2 条件付き書式の設定 163
4-2-3 行表示や列表示の固定の設定 166

4-3 実習問題 168

第 5 章

Python で Excel のグラフを作成する

.... 173

5-1 グラフの作成 174

5-1-1 グラフを作成する流れ 174
5-1-2 棒グラフの作成 175
5-1-3 円グラフの作成 183
5-1-4 折れ線グラフの作成 187

5-2 グラフの体裁の変更 191

5-2-1 グラフのサイズの変更 191
5-2-2 グラフの書式設定 194

5-3 実習問題 198

実践

Python で業務の自動化を実践する

.... 203

実践 1 売上レポートの作成 204
実践 2 販売データの分析 224

索引 239

本書をご利用いただく前に

本書で学習を進める前に、ご一読ください。

1 本書の記述について

操作の説明のために使用している記号には、次のような意味があります。

記述	意味	例
☐	キーボード上のキーを示します。	Enter
☐ + ☐	複数のキーを押す操作を示します。	Ctrl + C （Ctrlを押しながらCを押す）
《 》	メニューや項目名などを示します。	《開く》をクリック
「 」	入力する文字列や、理解しやすくするための強調などを示します。	「python -V」と入力 拡張子が「py」になります

👍 実践してみよう　　　　　　　　プログラムの動きを
　　　　　　　　　　　　　　　　　確認する実践的な解説

✏️ 実習問題　　　　　　　　　　　実習問題

📄 構文の使用例　Pythonの構文を使った　　📄 解答例　実習問題の
　　　　　　　　プログラムの例　　　　　　　　　　　　標準的な解答例

⚠️ よく起きるエラー　エラーになりやすい　　(Reference)　参考となる情報
　　　　　　　　　　部分の紹介

2 製品名の記載について

本書では、次の名称を使用しています。

正式名称	本書で使用している名称
Windows 11	Windows
Python 3	Python
Microsoft Excel 2024	Excel

3 学習環境について

本書を学習するには、次のソフトが必要です。
また、インターネットに接続できる環境で学習することを前提にしています。

> Python 3、openpyxl、pywin32
> Excel 2024 または Excel 2021 または Microsoft 365 の Excel

本書を開発した環境は、次のとおりです。

OS	Windows 11 Pro（バージョン24H2　ビルド26100.3194）
Python	Python 3.13.1
ライブラリ	openpyxl 3.1.5 pywin32 308
アプリ	Microsoft Office Home and Business 2024 Excel 2024（バージョン2501　ビルド16.0.18429.20132）
ディスプレイの解像度	1280×768ピクセル

※本書は、2025年1月時点のPythonの情報に基づいて解説しています。
　今後のアップデートによって機能が更新された場合には、本書の記載のとおりに操作できなくなる可能性があります。
※Windows 11のバージョンは、■（スタート）→《設定》→《システム》→《バージョン情報》で確認できます。
　また、Pythonのバージョンを確認する方法は、P.22を参照ください。

4 学習ファイルのダウンロードについて

　本書で使用するファイル（プログラム）は、FOM出版のホームページで提供しています。表紙裏の「学習ファイル・ご購入者特典」を参照して、ダウンロードしてください。ダウンロード後は、表紙裏の「学習ファイルの利用方法」を参照して、ご利用ください。

※ダウンロードしたExcelファイルを開く際、安全かどうかを確認するメッセージが表示される場合があります。Excelファイルは安全なので、《編集を有効にする》をクリックして、編集可能な状態にしてください。

5 本書の最新情報について

　本書に関する最新のQ&A情報や訂正情報、重要なお知らせなどについては、FOM出版のホームページでご確認ください（アドレスを直接入力するか、「FOM出版」でホームページを検索します）。

ホームページアドレス
https://www.fom.fujitsu.com/goods/

ホームページ検索用キーワード
FOM出版

※アドレスを入力するとき、間違いがないか確認してください。

第 **1** 章

Python と
Excel 連携の概要を
理解する

1-1 Pythonの概要

Pythonはほかのプログラミング言語と比較してシンプルに記述でき、またデータ解析や機械学習など様々な用途にも使えます。Pythonの特徴や利用シーンなど、Pythonがどのようなものかをおさえておきましょう。

1-1-1 Pythonとは

Pythonは、オランダのGuido van Rossum氏によって開発されたプログラミング言語です。ほかのプログラミング言語からわかりやすい構文などの要素を取り入れて開発され、1991年に最初のバージョンであるPython 0.90が公開されました。現在は非営利団体「Python Software Foundation」によって管理されています。執筆時点（2024年12月）の最新バージョンは3.13.1で、今も更新が続けられています。

Pythonは、次のようなプログラミング言語です。

● スクリプト言語

Pythonは、簡易的にプログラムを記述できる**スクリプト言語**と呼ばれる言語の1つです。また、ほかのプログラミング言語と比較して、プログラムがシンプルで読みやすいという特徴があり、初心者が最初に学ぶプログラミング言語としても適しています。

● オープンソース

Pythonは自由に使用や再配布ができ、商用利用も可能なオープンソースライセンスで提供されています。公式ページ（https://www.python.org/）からインストーラを入手しインストールすることで、容易に利用できます。

● マルチプラットフォーム対応

Windows、Linux、macOSなど多くのメジャーなOS上で動作します。なお、PyInstallerのようなバイナリ化ツール（コンピュータが直接実行できる形式のファイルに変換するツール）を使用して、Pythonをインストールしていなくても、コンピュータ上で直接動作するexeファイルなどの作成も可能です。

様々なライブラリが存在

特定の機能を1つにまとめて使用可能にしたプログラムを**ライブラリ**と呼びます。Pythonには様々なライブラリが存在し、Excelファイルの操作や機械学習、スクレイピングなど、多くの用途で使用されており、特に機械学習やデータ分析用のライブラリが充実しているという特徴があります。ライブラリについて、詳しくは2章で解説します。

オブジェクト指向

Pythonは**オブジェクト指向**に基づいたプログラミング言語です。オブジェクト指向とは、「データ」と、データに関連する「操作」を1つにまとめた部品（**オブジェクト**）を作り、オブジェクトを組み合わせてプログラムを作る手法です。

> プログラムが読みやすいから初心者でも学びやすく、様々なライブラリによって広い用途で使用可能なのが、Pythonの最大の特徴だ。

1-1-2 Pythonの様々な利用シーン

Pythonは、豊富なライブラリを用いることで、Excelファイルの操作や機械学習、スクレイピング、Webアプリケーションなど、様々なシーンで利用されています。

ライブラリを使うと、**Excelファイルの操作**をPythonで行うことが可能です。Excelファイルの内容の読み込みやセルへの書き込みはもちろん、複数のシートやブックのデータをまとめるなど、Excelファイルの操作の自動化に活用できます。

Excelファイルの操作

大量のデータをモデルに読み込ませてデータのパターンを学習させ、学習したモデルに何らかの処理を行わせる仕組みのことを、**機械学習**といいます。機械学習は、画像認識やデータの分類、未来の予測などに活用されています。Pythonでは、機械学習を行うためのライブラリや、機械学習でも用いる**データ分析**のライブラリが充実しています。

スクレイピングとは、Webページから自動的にデータを収集することです。Webページ上での定型的な情報収集はもちろん、データ分析や機械学習に使うデータを集める処理を自動化できます。

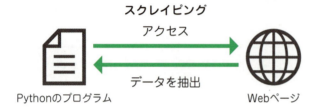

Webアプリケーションとは、Webを利用してユーザーに様々なサービスを提供するアプリケーションのことです。アプリケーションを作成するための枠組みを**フレームワーク**といい、PythonのWebアプリケーションを作るフレームワークのライブラリは、InstagramのようなSNSなどにも使われています。

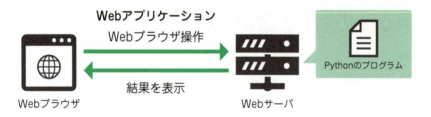

Pythonのライブラリやフレームワークの例

名称	説明	URL
openpyxl	Excelファイルを操作するライブラリ	https://openpyxl.readthedocs.io/en/stable/
scikit-learn	機械学習で用いられるライブラリ	https://scikit-learn.org/stable/
Pandas	データ分析のライブラリ	https://pandas.pydata.org/
NumPy	数値計算のライブラリで、データ分析のためのデータ処理にも用いられる	https://numpy.org/
Beautiful Soup	スクレイピングを行うライブラリ	https://www.crummy.com/software/BeautifulSoup/
Django	Webアプリケーション用のフレームワーク	https://www.djangoproject.com/

1-2 PythonとExcel

Microsoft社が提供するExcelは、数々のビジネスシーンで使用されている代表的な表計算ソフトです。Pythonを利用し、Excelファイルの操作を自動化することによって、どのようなメリットが生まれるのか見ていきましょう。

1-2-1 Excelファイルの操作の自動化

Microsoft社の表計算ソフトである**Excel**は、ビジネスシーンにおいて活用されている、代表的なソフトウェアの1つです。表の作成や計算などといった豊富な機能を持っており、Excelを使って行われる業務は多岐にわたります。

例えば、「店舗ごとの売上データを集計する」という業務では、複数のファイルに分かれた、店舗ごとのExcelファイルのデータを、1つのExcelファイルに集計する必要があります。また、合計や平均などのデータをExcelの関数を利用して計算したり、集計したデータを基にして毎月の売上をグラフで可視化したり、表を見やすくするために入力データの表記や位置、色などの書式を統一したりといった作業も発生します。

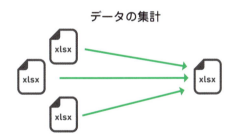

複数のファイルからデータを集計する

集計したデータからグラフを作成する

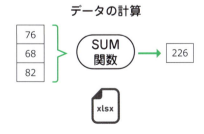

Excelの関数を利用してデータを計算する

セルに入力されたデータの書式を統一する

これらの作業は、1つ1つの作業量は少ないかもしれませんが、繰り返し何度も実施する作業の場合、積み重なって大きな作業量となります。また、これらの作業は手動でも行うことは可能ですが、データ量が増大したり業務が複雑化したりする現代のビジネスシーンにおいては、Excelファイルの操作を自動化する必要性が高まっています。

　特に、繰り返し実施する作業や、多くのファイルやシートにまたがる処理では、手動による操作は時間がかかるだけでなく、ミスが発生する可能性もあります。また、限られた時間内で正確に業務を遂行するためには、より効率的な手段が求められます。

　Pythonを使うと、上記のような、Excelファイルの定型的な処理を自動化することができます。Pythonの外部ライブラリであるopenpyxlなどを活用すれば、Excelファイルの読み込みや書き込み、データの計算、複数ファイルからのデータの統合、グラフの作成といった一連の処理をプログラムで実現できます。

1-2-2 PythonとVBAの違い

　Excelファイルの処理を自動化する方法として、よく挙げられるのが**Visual Basic for Applications（VBA）**です。VBAは、Microsoft社のWordやExcelなどといったOffice製品で使用できるプログラミング言語で、様々な操作の自動化が可能です。VBAはOffice製品に標準搭載されているため、追加のインストールや環境設定が不要で手軽に利用できる点が大きな利点です。また、マクロの記録機能を使えば、プログラミングの知識がない人でも簡単にソースコードを生成でき、繰り返し行う操作を自動化できます。

　一方で、VBAはExcelなどのOffice製品に限定されたプログラミング言語であるため、汎用性が低く、ほかのシステムなどとの連携がしにくいという難点があります。また、VBAのプログラムはExcelなどのファイルに付随する形で保存されるため、プログラムそのものの管理が難しいのもデメリットです。

VBAのプログラムは、ExcelなどのOffice製品から別ウィンドウで、VBAのエディタを開いて記述していくよ。

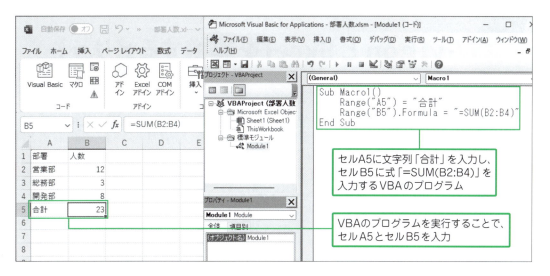

　Pythonのライブラリであるopenpyxlは、Excelファイルのセルの値の読み込みや書き込みを柔軟に行うことができます。加えて、PythonはExcelファイルの操作に限らず様々な用途で利用できるプログラミング言語であるため、Excelファイルだけでなく、データベースやWebアプリケーション、Web APIとして公開されているデータなど、多様なシステムとの連携もできます。Pythonにはデータ分析や機械学習のライブラリも豊富に揃っており、Excelファイルのデータを活用した高度なデータ分析や自動化なども実現できます。また、PythonのプログラムはExcelファイルとは別のファイルとなるので、プログラムそのものを管理することが容易です。

　VBAと比較して、Pythonは複数のExcelファイルを操作するようなプログラムの作成が容易です。さらに、VBAはExcelファイルを開いてから実行する必要がありますが、PythonのプログラムはExcelファイルを開かない状態で実行できるという点が大きな特徴です。

　このように、VBAがExcelなどOffice製品単体の自動化に強い一方で、openpyxlを利用したPythonのプログラムは、Excelの枠を超えた柔軟な自動化を実現することができます。

> Reference

Python in Excel

Python in Excel は、特定のOffice製品のサブスクリプションに加入していると使用できるExcelの新機能です。Excelファイルに記入したPythonのプログラムを、Microsoft社のクラウド環境で実行することで、Excelファイルを操作できます。Pythonでよく使われるライブラリも使用でき、主にデータ分析の用途でPythonの処理が必要な場合に役立ちます。

Python in Excelは、P. 20で紹介しているようなPythonの実行環境を自分で用意する必要がない反面、CSVファイルなどほかのファイルの操作については、セキュリティ上の観点から難しいなどといった特徴があります。一方、本書で紹介している、openpyxlを用いたPythonのプログラムによるExcelファイルの操作は、CSVファイルなどほかのファイルの操作をすることが容易で、Pythonのプログラムで実行できるデータ分析や機械学習などの様々な処理ができます。

1-2-3 PythonとExcelを連携するメリット

　Excelは、ビジネスシーンで広く使われている表計算ソフトとして、データの整理や可視化、集計に優れた機能を備えています。一方、Pythonは柔軟で強力なプログラミング言語であり、大量のデータ処理や高度な分析、さらにはWebスクレイピングや機械学習などにも対応することができます。ExcelとPythonを組み合わせ、定型作業を自動化することで、手作業でExcelファイルの操作を行うよりも、はるかに効率的かつ正確にデータ処理が行えるようになります。
　PythonとExcelを連携するメリットとしては、次のような点が挙げられます。

● 作業を効率化する

　Excelでデータの集計や書式の統一などの操作を繰り返し行う場合は、Pythonのopenpyxlライブラリを用いて操作を自動化することで、作業時間を短縮できます。Pythonでは、複数のExcelファイルを一括で操作することもできるため、作業の効率化に役立ちます。

● 作業のミスを減らす

　Excelファイルの操作を手作業で行うことは、時間がかかるだけでなく、誤った入力などの作業のミスが起こるリスクも高まります。しかし、Pythonを活用すれば、手作業で行う操作をプログラムで正確に実行することができるので、ヒューマンエラーによる作業ミスが発生しにくくなります。

● 高度な処理にもつなげられる

　VBAと比較して、Pythonはほかのシステムやデータベースなどとの連携がしやすく、より柔軟で広範な処理を実行することができます。それを支えるのが、Pythonの豊富なライブラリです。例えば、**Numpy**や**Pandas**といった外部ライブラリを使用することで、Excelと連携することに加えて、複雑な計算を実行したり、膨大なデータを一括で処理したりすることができます。また、**scikit-learn**といった外部ライブラリを使用することで、Excelと連携することに加えて、機械学習による画像認識やデータの分類、未来の予測といったことも可能になります。

Excelで繰り返し行うような操作（作業）のことを「定型処理」っていうんだ。定型処理の実施回数が多ければ多いほど、PythonとExcelを組み合わせた操作の自動化が有効になってくるよ！　定型処理としてどんなものが考えられるか、身近な業務でイメージしてみよう！

第 2 章

Pythonの環境構築と基本文法を学ぶ

2-1 実行環境の構築

PythonでExcelファイルを操作するために必要なものを個別にインストールします。まずは、Pythonの実行環境をインストールする方法を解説しますので、実際に試してみてください。

2-1-1 Pythonのインストール

Pythonの実行環境をインストールするために、公式のページ（https://www.python.org/downloads）からインストーラをダウンロードしましょう。なお、本書では執筆時点（2025年1月）での最新のバージョンでインストールを進めます。

なお、この画面はMicrosoft Edgeでの操作例になります。その他のWebブラウザの場合は、この操作のように直接ファイルを実行するのではなく、フォルダを開くように操作してください。

ダウンロードが完了したら、エクスプローラーでダウンロードしたフォルダを開きます。その後、インストーラをダブルクリックして起動しましょう。

インストーラ《python-3.13.1-amd64.exe》が起動したら、《Use admin privileges when installing py.exe》と《Add python.exe to PATH》にチェックを入れます。

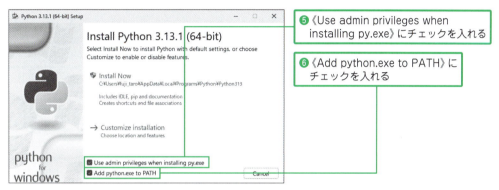

操作❻でチェックボックスにチェックを入れることを忘れないようにしよう。Pythonのプログラムを実行する際に必要な設定だよ。

続けて、《Install Now》をクリックしてそのまま待ちます。

「Setup was successful」と表示されたら、インストールは完了です。《Close》をクリックしてインストール画面を閉じましょう。

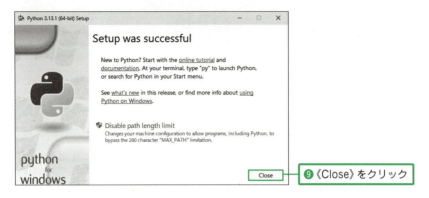

❾《Close》をクリック

　Pythonをインストールしたあとは、**コマンドプロンプト**を使ってPythonが正常にインストールされたことを確認します。タスクバーの🔍（検索）の検索ボックスに「コマンドプロンプト」と入力するとアプリケーションが表示されるので、《開く》をクリックして起動します。

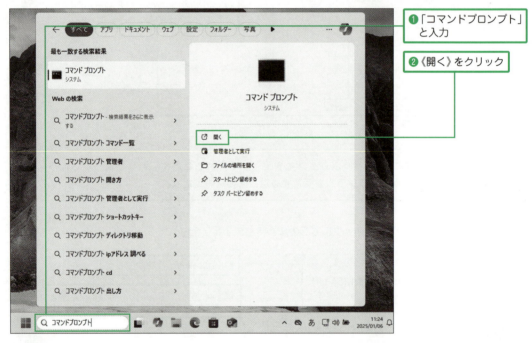

❶「コマンドプロンプト」と入力

❷《開く》をクリック

検索ボックスに「cmd」と入力しても、コマンドプロンプトが表示されるよ。

　コマンドプロンプトが起動したら、画面に表示されている「>」のあとに「python -V」と入力し、Enter を押してください。次のように「Python」に続いて数字が表示されれば、Pythonの実行環境が正常にインストールできたことが確認できます。なお、この表示された数字は、Pythonのバージョンを表しています。

❸「python -V」と入力し Enter を押す

❹「Python」のあとに数字が表示されることを確認する

Pythonの実行環境はうまくインストールできたかな。PythonからExcelファイルを操作するために、ベースとなる環境だよ。

Reference

Pythonのアンインストール

もしPythonをインストールするときに、P.21の操作⑥で《Add python.exe to PATH》にチェックを入れ忘れてしまった場合、コマンドプロンプトで「python -V」と入力しても、Pythonのバージョンが表示されません。その場合はPythonをアンインストールして、インストールをやり直しましょう。Pythonをアンインストールするには、インストーラをダウンロードしたフォルダ先を開いて《python-3.13.1-amd64.exe》を起動し、《Uninstall》をクリックするだけです。

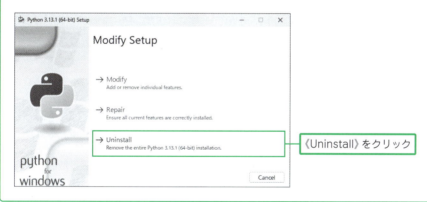

《Uninstall》をクリック

2-1-2 開発ツール

Pythonのプログラムを記述して実行するためには、Python以外にもアプリケーションが必要です。1つはテキストを記述するための**エディタ**と呼ばれるアプリケーション、もう1つはプログラムを実行するためのアプリケーションです。ここでは、主要な開発ツールで、Pythonのプログラムがどのように動くのかを簡単に説明します。

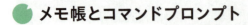 メモ帳とコマンドプロンプト

　Windowsに標準で搭載されている**メモ帳**と**コマンドプロンプト**を使えば、Pythonのプログラムを記述して実行できます。Pythonの実行環境さえインストールすれば、ほかのアプリケーションをインストールする手間が必要ありません。本書では、メモ帳とコマンドプロンプトを使用します。実際にプログラムを記述して実行する方法は、P.26で説明します。

　また、**統合開発環境**を使うと、プログラムの記述と実行を同じアプリケーションで行えます。統合開発環境は**IDE**（Integrated Development Environment）と呼ばれます。Pythonのプログラムを開発する際によく使われるほかのアプリケーションについても紹介します。

Visual Studio Code

　Visual Studio Code（VSCode）は、Microsoft社が提供する高機能なエディタです。拡張機能を追加することで、VSCodeだけでPythonのプログラムを記述から実行までできます。ほかのIDEと比較して動作が軽量なこともあり、プログラミングにおいて広く使われています。

- **https://code.visualstudio.com/**

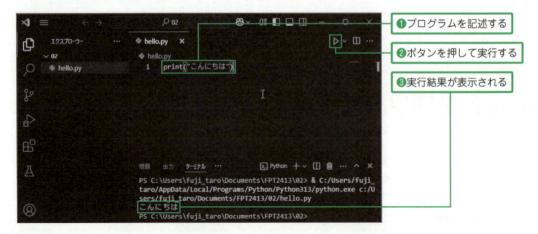

> **Reference**
>
> **VSCodeの拡張機能**
>
> VSCodeを使う場合は、Pythonのプログラムの記述や実行をサポートする拡張機能である「Python」を追加する必要があります。拡張機能を検索して、一覧から「Python」の拡張機能をインストールしましょう。また、VSCodeの表示を日本語化する拡張機能である「Japanese Language Pack for Visual Studio Code」を追加すると便利です。なお、拡張機能によっては、VSCodeを再起動する必要があります。
>
>

2-1-3 プログラムの実行方法

　本書では、メモ帳を使ってPythonのプログラムを作成し、保存します。そして、コマンドプロンプトを使って、保存したプログラムを呼び出して実行します。なお、メモ帳とコマンドプロンプトは、Windows 11に含まれているので、特にこれらをインストールする必要はありません。

● ファイルの拡張子の表示

　Pythonのプログラムを実行する前に、エクスプローラーで**ファイルの拡張子**を表示するための設定を行います。拡張子とは、ファイル名の最後に付く「.」(ピリオド)に続く文字のことで、ファイルの種類を表します。Pythonのソースコードは、拡張子が「py」になります。ほかのファイルとPythonのソースファイルを識別できるようにするために、拡張子を表示するように設定しましょう。

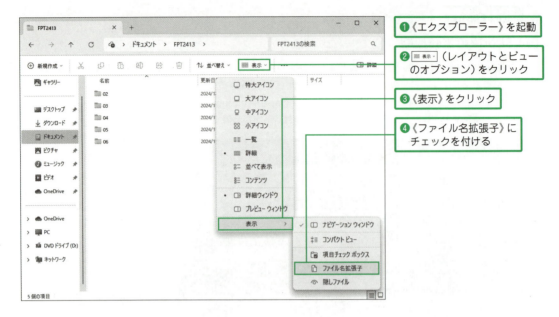

これで、エクスプローラーでPythonのプログラムのファイルに「.py」の拡張子が表示されます。

メモ帳の起動とプログラムの保存

Pythonのプログラムを記述していきます。まず、メモ帳のアプリケーションを起動します。

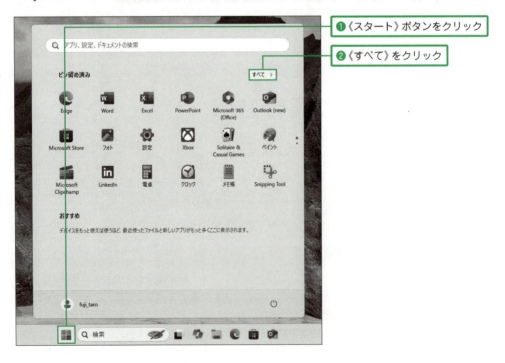

❸《メモ帳》をクリック
※《メモ帳》は、《ま》の一覧にあります。

メモ帳が起動したら、新しいファイルを作成します。新しいファイルには、次のような、画面に「こんにちは」と表示するソースコードを記述します。メモ帳の画面では、入力カーソルがある位置の行番号が左下に表示されます。

プログラム：2-1-3.py
```
01  print("こんにちは")
```

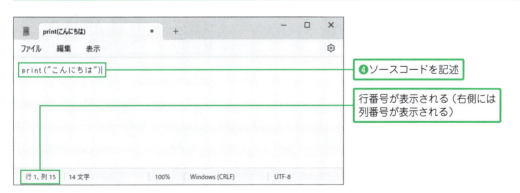

❹ソースコードを記述

行番号が表示される（右側には列番号が表示される）

コマンドプロンプトでPythonのプログラムを実行できるようにするため、メモ帳で作成したPythonのプログラムのファイルを保存します。《ファイル》から《名前を付けて保存》をクリックしましょう。または、Ctrl + S を押すことでも、ファイルを保存できます。

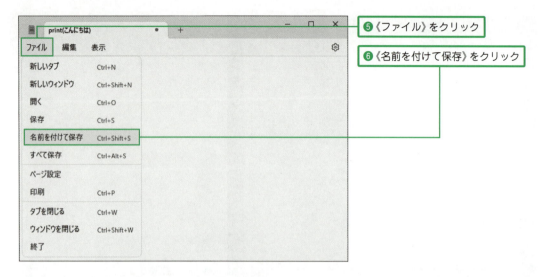

　ファイルを保存する場所を選択します。本書ではPythonのプログラム（拡張子がpyのファイル）を保存するフォルダは、学習する章ごとに分けて管理します。本章は2章ですので、2章のフォルダ「02」に保存します。保存する際のファイル名には、「py」という拡張子を付けましょう。

　また、保存する際に《エンコード》が《UTF-8》であることを確認してください。Pythonでは、デフォルトではUTF-8という文字コードでファイルを読み込むため、ほかの文字コードで保存した場合、日本語などの文字が認識できずにエラーとなります。もし、《UTF-8》になっていない場合は、☑をクリックして一覧から《UTF-8》を選択します。

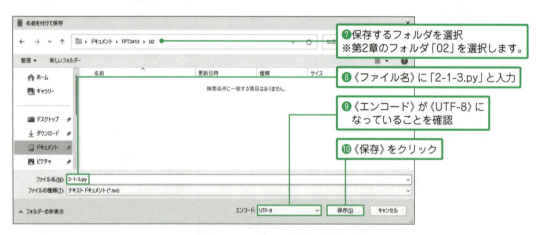

● コマンドプロンプトでプログラムの実行

　ファイルを保存したあとは、プログラムを実行するために、保存したファイルを格納したフォルダの**パス**（場所を表した文字列）を確認します。エクスプローラーで、保存したファイルが入っているフォルダを開き、作成したファイルの存在を確認してください。確認後、エクスプローラーの画面上部にあるフォルダのパスをクリックして選択し、[Ctrl]+[C]を押してコピーします。

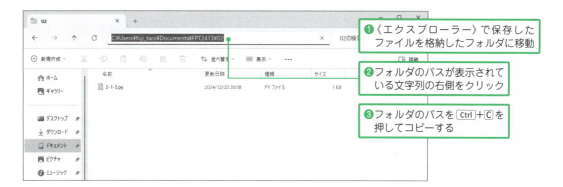

続いてコマンドプロンプトを開きます。プログラムを実行するために、実行したいpyファイルが置いてあるフォルダに移動します。「cd フォルダのパス」の形式で入力します。「cd」と入力したあとに半角スペースを入れ、フォルダのパスを Ctrl + V を押して貼り付けます。入力後、Enter を押すと、現在のフォルダの位置（カレントディレクトリ）が、指定したフォルダに変わります。

なお、コマンドプロンプトに実行する処理を指示するためには、**コマンド**と呼ばれる命令を入力します。「cd」もコマンドの1つです。

「cd」は「change directory」の略だよ。directory（ディレクトリ）はフォルダとほぼ同じ意味で、cdコマンドはフォルダの階層を移動するためのコマンドだね。

実行したいpyファイルがある場所に移動したあと、pythonコマンドを使ってPythonのプログラムを実行します。「python ファイル名」と入力して Enter を押すと、指定したpyファイルに記述されたプログラムの内容が実行されます。

よく起きるエラー

　Pythonのプログラムをメモ帳で作成する際に、《エンコード》を《UTF-8》以外で保存すると、実行する際にエラーになります。

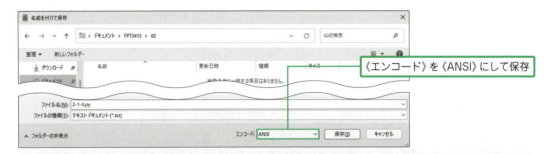

```
C:\Users\fuji_taro\Documents\FPT2413\02>python 2-1-3.py
SyntaxError: Non-UTF-8 code starting with '\x82' in file C:\Users\fuji_taro\Document
s\FPT2413\02\2-1-3.py on line 1, but no encoding declared; see https://peps.python.o
rg/pep-0263/ for details

C:\Users\fuji_taro\Documents\FPT2413\02>
```

● 対処方法：《エンコード》を《UTF-8》にして保存する。

Reference

コマンドプロンプトの便利な操作

コマンドプロンプトでは、次のようなキー入力によって便利な操作を実行できます。

コマンドプロンプトの操作例

操作	内容
↑ または ↓	コマンドの履歴を逆方向または順方向にたどる。
F7	コマンドの履歴を表示する。
Tab	フォルダやファイルの候補を表示する。

例えば、Pythonのファイルの場所に移動した状態で「python」と入力し半角スペースを空けてから Tab を押すと、ファイルの候補が表示されるので、Pythonのファイル名を入力せずに済みます。ファイルが複数ある場合は、 Tab を繰り返し押すと、表示される候補が変わります。

また、ファイル名を途中まで入力した状態で Tab を押すと、入力した文字列で始まるファイル名が候補として表示されるので、目的のファイル名をすばやく入力したいときに便利です。

コマンドプロンプトでは、これらのキー入力を使うと、効率的に操作できるよ。特にプログラムを修正して、再実行するときに便利だよ！

Reference

コマンドプロンプトの基本的なコマンド

cdコマンド以外に利用頻度の高いコマンドをいくつか紹介します。

コマンドプロンプトのコマンド例

コマンド	内容
cls	コマンドプロンプトの画面表示をクリアする。
dir	現在の場所にあるファイルやフォルダを表示する。
exit	コマンドプロンプトを終了する。

dirコマンドを実行すると、現在の場所にあるファイルやディレクトリが表示されます。

```
C:\Users\fuji_taro\Documents\FPT2413\02>dir
 ドライブ C のボリューム ラベルがありません。
 ボリューム シリアル番号は C0B3-0D31 です

 C:\Users\fuji_taro\Documents\FPT2413\02 のディレクトリ

2025/04/10  00:00    <DIR>          .
2025/04/10  00:00    <DIR>          ..
2025/04/10  00:00                24 2-1-3.py
2025/04/10  00:00               102 2-2-1.py
2025/04/10  00:00               100 2-2-1_e1.py
2025/04/10  00:00                40 2-2-1_1.py
        〜
2025/04/10  00:00               122 2-5-2_1.py
2025/04/10  00:00               124 2-5-2_2.py
              28 個のファイル           2,590 バイト
               2 個のディレクトリ  77,704,302,592 バイトの空き領域

C:\Users\fuji_taro\Documents\FPT2413\02>
```

→ ファイル名が表示される

必要に応じて、コマンドプロンプトでこれらのコマンドを使ってみてね。このように、以降でも「メモ帳でプログラムを作成して保存」→「コマンドプロンプトで実行」という手順で学習していくよ。

2-2 変数や関数

まずはPythonの基本について見ていきます。プログラムで扱う様々なデータを記憶するためには、変数で値を管理したり、関数で操作を行ったりします。これらの使い方を学び、基本的なデータの扱い方を身に付けていきましょう。

2-2-1 変数とデータ型

変数とは内容を変更できる値を格納しておくための箱のようなもので、名前を付けて管理します。「name」や「establish」など、箱に名前を付けて、文字列や数値を入れます。

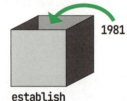

変数は何度でも使用できます。例えば、同じ数値を使って何度も計算する場合、変数に値を入れておくと、値が変更になったときは最初に格納した値を書き換えるだけで済みます。
　変数に値を入れるためには、変数名と変数に入れたい値を「＝」でつなぎます。また、変数に値を入れることを**代入**といいます。

変数に値を入れる

変数の名前を記述し、「＝」の記号を使って値を代入することで、変数が使えるようになります。

構文　変数名 = 値

例：変数 name に文字列「FUJIT出版」を代入する。

```
name = "FUJIT出版"
```

例：変数 establish に数値「1981」を代入する。

```
establish = 1981
```

変数には、文字列や数値（整数や浮動小数点数）、True/Falseなど、様々な種類のデータを代入できます。このデータの種類のことを**データ型**といい、例として次のようなものがあります。

データ型の種類

データ型	意味	使用例
str	文字列	"FUJIT出版"、'ありがとう'
int	整数	1981、22、0
float	浮動小数点数	23.67、0.0377
bool	ブール	True、False

文字列は「"」（ダブルクォーテーション）または「'」（シングルクォーテーション）で囲みます。どちらを使って囲んでも構いません。数値は整数のint型と小数のfloat型があります。また、ブールは条件式の判定（P.52参照）などに使うデータ型です。

浮動小数点数はコンピュータが計算しやすいように作られた小数のことだよ。

 実践してみよう

文字列と数値をそれぞれ変数に代入し、表示してみましょう。

📄 構文の使用例

プログラム：2-2-1.py

```python
01  name = "FUJIT出版"
02  establish = 1981
03
04  print(name)
05  print(establish)
06  print(str(establish) + "年")
```

解説

01　変数nameに文字列「FUJIT出版」を代入する。
02　変数establishに数値「1981」を代入する。
03
04　変数nameの値を表示する。
05　変数establishの値を表示する。
06　変数establishの値を文字列に変換した結果を、文字列「年」と連結して表示する。

```
実行結果
C:\Users\fuji_taro\Documents\FPT2413\02>python 2-2-1.py
FUJIT出版
1981
1981年

C:\Users\fuji_taro\Documents\FPT2413\02>
```

　print関数は、カッコの中に入れた値などを画面に表示します。変数名を入れた場合は変数に代入した値を表示するため、4行目の「print (name)」で変数nameに代入した文字列「FUJIT出版」を表示しています。同様に、5行目では変数establishに代入した数値「1981」を表示しています。

　変数の値を連結したい場合は、文字列を連結する演算子の「+」(P.40参照) を使います。ただし、**数値と文字列を連結することはできない**ため、数値を文字列に変換する必要があります。6行目では、変数establishの数値「1981」を、str関数 (P.42参照) で文字列に変換してから文字列「年」を連結しています。

 よく起きるエラー ・・

変数に文字列を代入する際、文字列の前後を「"」または「'」で囲まないとエラーになります。

```
実行結果
C:\Users\fuji_taro\Documents\FPT2413\02>python 2-2-1_e1.py
Traceback (most recent call last):
  File "C:\Users\fuji_taro\Documents\FPT2413\02\2-2-1_e1.py", line 1, in <module>
    name = FUJIT出版
           ^^^^^^^^
NameError: name 'FUJIT出版' is not defined

C:\Users\fuji_taro\Documents\FPT2413\02>
```

- エラーの発生場所：1行目「name = FUJIT出版」
- エラーの意味　　　：変数FUJIT出版が定義されていない。

```
プログラム：2-2-1_e1.py
01  name = FUJIT出版  ←──── 「"」で囲んでいない
02  establish = 1981
03
04  print(name)
05  print(establish)
06  print(str(establish) + "年")
```

- 対処方法：1行目の「FUJIT出版」の前後を「"」で囲む。

> **Reference**

print関数における、異なるデータ型の連続表示

「print(establish, "年")」のように、カンマで区切って値を渡すと、値と値の間に半角スペースを入れながら、異なるデータ型の値を続けて表示することが可能になります。

プログラム：2-2-1_r1.py

```
01  establish = 1981
02  print(establish, "年")
```

実行結果

```
C:\Users\fuji_taro\Documents\FPT2413\02>python 2-2-1_r1.py
1981 年

C:\Users\fuji_taro\Documents\FPT2413\02>
```

> **Reference**

エスケープシーケンス

エスケープシーケンスは、改行やタブなど、入力できない特殊な文字を表現するための方法です。見えない文字を出力するときや、意味のある記号を文字として出力するときには、「¥」（テキストエディタなどによっては「\」）を使ってエスケープシーケンスを使用しましょう。代表的なエスケープシーケンスには、次のようなものがあります。

エスケープシーケンスの一例

エスケープシーケンス	説明
¥n	改行
¥t	タブ
¥'	'（シングルクォーテーション）
¥"	"（ダブルクォーテーション）

プログラム：2-2-1_r2.py

```
01  print("改行：¥n、タブ：¥t、ダブルクォーテーション：¥"")
02  print('シングルクォーテーション：¥'')
```

実行結果

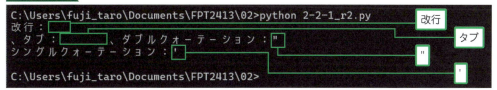

> ### Reference
>
> #### Pythonにおける定数
>
> 変わらない値を格納するものを定数といいますが、Pythonでは定数はサポートされていないため使えません。定数として扱いたい変数がある場合は、慣例として大文字と「_」(アンダースコア) で表現します。
>
> **プログラム：2-2-1_r3.py**
> ```
> 01  MAX_VALUE = 100
> 02  print(MAX_VALUE)
> ```
>
> **実行結果**
> ```
> C:\Users\fuji_taro\Documents\FPT2413\02>python 2-2-1_r3.py
> 100
>
> C:\Users\fuji_taro\Documents\FPT2413\02>
> ```

2-2-2 数値の演算

演算子と値をつなげると、何らかの演算 (計算や比較など) を行って結果を返します。このような何らかの値が得られるプログラムのソースコードのことを**式**といいます。式は、複数の演算子を組み合わせることができます。

演算子の利用

値と値を演算子でつなぎます。

構文 | **値 演算子 値**

例：数値「3」に数値「3」を足した結果を、変数aに代入する。

```
a = 3 + 3 ——— 3 + 3が式
```

例：数値「100」に数値「5」を掛けて数値「3」で割った結果の余りを、変数aに代入する。

```
a = 100 * 5 % 3
```

通常、式は左から右に向かって演算していきますが、複数の演算子が使われている場合、優先度の高い演算子から演算を行います。

算術演算子

算術演算子は、四則演算（加減乗除）などの計算を行う演算子です。加算と減算は、算数の計算と同じ「+」と「-」記号を使います。しかし、乗算は「*」、除算は「/」と算数の計算とは異なる記号を使います。

算術演算子

演算子	意味	例
+	加算	a + b
-	減算	a - b
*	乗算	a * b
/	除算	a / b
//	除算（小数点以下は切り捨て）	a // b
%	剰余	a % b
**	べき乗	a ** b

演算にカッコを使う

＋演算子と-演算子は同じ優先順位ですが、＋演算子と*演算子は優先順位が異なります。優先順位の低い演算子や式の右側から演算を行いたい場合は、カッコを使って演算の順番を変更させます。また、カッコの中にカッコを入れることも可能で、1番内側のカッコから演算を行います。

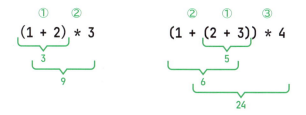

複数の演算子を使うときは、必要に応じてカッコを使って演算の順番を変える必要があるんだね。

🟢 累算代入演算子

累算代入演算子は、＝と算術演算子を組み合わせた演算子です。演算と代入を同時に行えるため、変数を使って四則演算を行うときに、短いソースコードで式を書けます。

累算代入演算子

演算子	例	例の意味
+=	a += b	変数aの値に変数bの値を足した結果を、変数aに代入する。
-=	a -= b	変数aの値から変数bの値を引いた結果を、変数aに代入する。
*=	a *= b	変数aの値に変数bの値を掛けた結果を、変数aに代入する。
/=	a /= b	変数aの値を変数bの値で割った結果を、変数aに代入する。
//=	a //= b	変数aの値を変数bの値で割って小数点以下を切り捨てた結果を、変数aに代入する。
%=	a %= b	変数aの値を変数bの値で割った余りを、変数aに代入する。
**=	a **= b	変数aの値に変数bの値でべき乗した結果を、変数aに代入する。

👍 実践してみよう

様々な演算子を使って式を作り、その結果を表示するプログラムを実行してみましょう。

📄 構文の使用例

プログラム：2-2-2_1.py

```
01  print(5 + 3)
02  print(7 / 2)
03  print(7 // 2)
04  print(7 % 2)
05  print(3 ** 4)
06  print((10 - 3) * 3)
07  print(4 * (5 * (3 - 1)))
08
09  num = 3
10  num += 7
11  print(num)
```

```
12  num *= 5
13  print(num)
```

解説

01 数値「5」に数値「3」を足した結果を表示する。
02 数値「7」を数値「2」で割った結果を表示する。
03 数値「7」を数値「2」で割って小数点以下を切り捨てた結果を表示する。
04 数値「7」を数値「2」で割った結果の余りを表示する。
05 数値「3」を数値「4」回分掛けた結果を表示する。
06 数値「10」から数値「3」を引いた結果に数値「3」を掛けた結果を表示する。
07 数値「3」から数値「1」を引いた結果を数値「5」と掛け、その結果を数値「4」と掛けた結果を表示する。
08
09 変数numに数値「3」を代入する。
10 変数numの値に数値「7」を足した結果を、変数numに代入する。
11 変数numの値を表示する。
12 変数numの値に数値「5」を掛けた結果を、変数numに代入する。
13 変数numの値を表示する。

5行目の「3 ** 4」の式は、「3 * 3 * 3 * 3」の計算を行っているため、結果が81になります。
6行目はカッコを使って演算の順番を変えているため、「10 - 3」の演算が先に行われます。
また、カッコの中にカッコを入れることも可能で、1番内側のカッコから演算を行います。そのため7行目は「3 - 1」から演算を行い、「5 * 2」、「4 * 10」の順番に演算を行います。
10行目では「3 + 7」の結果を変数numに代入、12行目では「10 * 5」の結果を変数numに代入しています。

実行結果

```
C:\Users\fuji_taro\Documents\FPT2413\02>python 2-2-2_1.py
8
3.5
3
1
81
21
40
10
50
C:\Users\fuji_taro\Documents\FPT2413\02>
```

10行目の「num += 7」は、「num = num + 7」と書いても同じ実行結果になるよ。このように累算代入演算子を使うことで、短いソースコードで書けるよ。

文字列を連結する演算子

+演算子と*演算子は、右辺と左辺の値が両方とも数値の場合は、加算または乗算を行います。しかし、右辺と左辺のどちらかが文字列（str型）の場合、文字列を連結する働きがあります。

文字列を連結する演算子

演算子	意味	例	例の結果
+	文字列を連結する	"abc" + "efg"	"abcefg"
*	文字列を反復連結する	"abc" * 2	"abcabc"

+演算子と*演算子は、左右にある値のデータ型によって働きが変わるから注意しよう。

プログラム：2-2-2_2.py
```
01 print("Hello" + "Python")
02 print("Hello" * 3)
```

解説
01 文字列「Hello」と文字列「Python」を連結した結果を表示する。
02 文字列「Hello」を3つ連結した結果を表示する。

実行結果
```
C:\Users\fuji_taro\Documents\FPT2413\02>python 2-2-2_2.py
HelloPython
HelloHelloHello

C:\Users\fuji_taro\Documents\FPT2413\02>
```

2-2-3 Pythonの関数

複数の処理をまとめて名前を付けたものを**関数**といいます。Pythonには、あらかじめ用意された関数（組み込み関数）があります。また、関数を実行することを「呼び出す」といいます。関数を呼び出すときに値を渡すことも可能で、例えばprint関数で「FUJIT出版」という文字列を表示したい場合、print("FUJIT出版")のように（）の中に文字列を指定します。このように関数に渡す値を**引数**といいます。

なお、引数には文字列だけでなく、数値なども指定できます。

> ### 関数の呼び出し
>
> 関数は、関数名のあとに ( ) を付けて呼び出します。( ) の中には、関数に渡す引数を指定します。引数が必要ない場合でも、( ) は必要です。
>
> | 構文 | 関数名 (引数) |
>
> 例：print関数を呼び出し、文字列「FUJIT出版」を表示する。
> ```
> print("FUJIT出版")
> ```
>
> 例：input関数を呼び出し、「名前を入力=>」と画面に表示して、入力された文字列を変数nameに代入する。
> ```
> name = input("名前を入力=>")
> ```

　print関数以外に、Pythonの組み込み関数をいくつか説明します。ユーザーにキーボードで値を入力させるには、**input関数**を使います。また、入力された値は必要に応じてデータ型を変換する必要があります。データ型を変換する関数には、int関数やstr関数などがあります。

🟢 input関数

　ユーザーにキーボードでの入力を求め、入力されたデータを戻り値で返します。**戻り値**とは関数が返す値のことです。戻り値を返すかどうかは関数によって異なります。「変数名 = input("メッセージ")」のように実行することで、引数の値を画面に表示して入力を待機し、ユーザーが画面に入力した値を戻り値として変数に代入できます。また、**input関数を使って入力された値は必ず文字列になる**という特徴があります。

🟢 int関数

　数字のみの文字列や浮動小数点数を整数に変換する関数です。「変数名 = int("1234")」のように実行することで、文字列「1234」を整数に変換して変数に代入できます。また、例えばinput関数でユーザーが入力した値を使って数値の計算をしたい場合、input関数の入力値は必ず文字列になるため、整数に変換して扱う必要があります。そのようなときにはint関数を使って文字列を整数に変換しましょう。ただし、int関数に渡す値が整数に変換できない値の場合、エラーとなるので注意してください。

● str関数

数値を文字列に変換する関数で、引数で渡した値を文字列に変換して戻り値として返します。数値と文字列を結合したい場合、そのままでは結合できないので、数値を文字列に変換する必要があります。例えば、数値が格納された変数establishと文字列「年」を結合して1つの文字列を作って表示したい場合は、「print（str（establish）＋ "年"）」のように記述します。

実践してみよう

関数を使ったプログラムを確認してみましょう。

構文の使用例

プログラム：2-2-3.py
```
01  seireki = int(input("西暦を入力=>"))
02  reiwa = seireki - 2018
03  print("令和" + str(reiwa) + "年")
```

解説
01 文字列「西暦を入力=>」を表示し、入力値を数値に変換した結果を変数seirekiに代入する。
02 変数seirekiの値から数値「2018」を引いた結果を、変数reiwaに代入する。
03 文字列「令和」と、変数reiwaの値を文字列に変換した結果と、文字列「年」を連結して表示する。

実行結果
```
C:\Users\fuji_taro\Documents\FPT2413\02>python 2-2-3.py
西暦を入力=>2025
令和7年

C:\Users\fuji_taro\Documents\FPT2413\02>
```
「2025」と入力して Enter を押す

input関数を呼び出すと、入力待機状態になります。キーボードで値を入力し Enter キーを押すと、処理が進みます。2行目では、変数seirekiから算術演算子「-」（P.37参照）を使って数値「2018」を引いています。その結果を3行目で文字列と組み合わせて表示しています。

数値に変換できない文字列をキーボードで入力すると、エラーになるので気を付けよう。

Reference

int関数で小数点以下を切り捨てる

int関数は引数の値を整数に変換する関数なので、引数に浮動小数点数を渡すことで小数点以下を切り捨てて整数に変換できます。

次の例では、int型の数値を格納した変数priceに、float型である1.10を算術演算子「*」(P.37参照)を使って掛け合わせています。int型とfloat型の計算結果をそのまま表示すると浮動小数点数になりますが、int関数を使うことで小数点以下を切り捨てて表示できます。

プログラム：2-2-3_r1.py

```
01  price = 100
02  print(price * 1.10)
03  print(int(price * 1.10))
```

実行結果

```
C:\Users\fuji_taro\Documents\FPT2413\02>python 2-2-3_r1.py
110.00000000000001          ─── 浮動小数点で表示
110                         ─── int関数を使って整数で表示

C:\Users\fuji_taro\Documents\FPT2413\02>
```

Reference

キーワード引数

関数に引数を渡すとき、名前を指定して渡す引数のことを**キーワード引数**といいます。例えば、print関数には「end」というキーワード引数があり、print関数の末尾に追加する文字列を指定できます。「print(name, end=",")」のように指定することで、print関数の末尾の文字列を「,」にできます。これまでに学習したプログラムのように、キーワード引数endを指定しない場合は、自動的に末尾に「¥n」(改行)が追加されます。

なお、キーワード引数は、値のみで渡す引数(**位置引数**といいます)と同時に指定することが可能ですが、その場合はキーワード引数をあとに指定する必要があります。「print(end=",", name)」のように、キーワード引数を先に指定するとエラーになるので気を付けましょう。

プログラム：2-2-3_r2.py

```
01  name = "FUJIT出版"
02  establish = 1981
03
04  print(name, end=",")
05  print(establish)
```

実行結果

```
C:\Users\fuji_taro\Documents\FPT2413\02>python 2-2-3_r2.py
FUJIT出版,1981              ─── 末尾の文字が「,」になった
                               ※「¥n」(改行)が入らない
C:\Users\fuji_taro\Documents\FPT2413\02>
```

2-3 複数の値をまとめるデータ型

複数の値をまとめて管理するのに便利なデータ型として、リストがあります。ExcelのデータをPythonで扱う際に、リストはとてもよく使うので、しっかりと身に付けていきましょう。

リスト

Pythonには、複数の値をひとまとめにできるデータ型がいくつか存在します。その中でも代表的なのが**リスト**です。データをまとめると、繰り返し処理（P.55参照）などと組み合わせることで効率的にデータを操作できるようになります。

リスト

リストは [ ] を使い、その中に値を「,」(カンマ)で区切って記述します。

構文	リストの変数名 = [値 , 値 , ……]

例：変数number_listに、数値「10」「20」「30」を要素とするリストを代入する。

number_list = [10, 20, 30]

例：変数name_listに、文字列「太郎」「次郎」を要素とするリストを代入する。

name_list = ["太郎", "次郎"]

リストに格納された値には、**インデックス**と呼ばれる格納された順番を表す番号が振られます。インデックスは**0から始まる**ことに注意してください。また、リストの個々の値は**要素**といいます。

次の図の例は、変数number_listに、0番目の要素として数値「10」、1番目の要素として数値「20」、2番目の要素として数値「30」が格納されている状態を示しています。

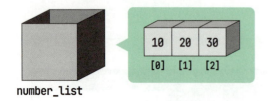

リストの値を取得する

リストから要素を取得したい場合は、「リストの変数名 [インデックス]」のように指定します。例えば、変数number_listに代入したリストの、0番目の要素である10を取得するには、「number_list [0]」と指定します。

また、「リストの変数名 [開始位置のインデックス：終了位置のインデックス]」のように指定すると、リストの一部分を取得することができます。このとき、取得できる範囲は開始位置のインデックスから、終了位置のインデックスの**1つ手前まで**となります（例えば「number_list [0:2]」と指定すると、10と20が取得できます）。このように一部だけ値を取得することを**スライス**といいます。

なお、**len関数**を使うと、リストの要素数を取得することが可能です。その場合は、「len（リストの変数名）」のようにしてlen関数を呼び出しましょう。先ほどの例では、リストに10、20、30の3つの要素があるので、3を取得できます。

リストに値を追加する

appendを使うと、リストに値を追加できます。「リストの変数名.append（値）」のように記述することで、（）の中の値がリストの末尾に追加されます。

ここで使ったappendは**メソッド**というものです。メソッドとは操作のことで、appendメソッドはリストなどのデータ型で使用できます。

実践してみよう

次の例は、リストを生成して、操作するプログラム例です。

構文の使用例

プログラム：2-3-1_1.py

```python
01  number_list = [10, 20, 30]
02  print(number_list[0])
03  print(number_list[1:3])
04  number_list[1] = 21
05  print(len(number_list))
06  number_list.append(40)
07  print(number_list[3])
08  print(number_list)
```

解説

01　変数number_listに、数値「10」「20」「30」を要素とするリストを代入する。

02　変数number_listの0番目の要素を表示する。

03 変数number_listの1番目から2番目（終了位置は3番目-1）までの要素を表示する。
04 変数number_listの1番目の要素を数値「21」に変更する。
05 変数number_listの要素の数を表示する。
06 変数number_listに数値「40」の要素を追加する。
07 変数number_listの3番目の要素を表示する。
08 変数number_listの要素をすべて表示する。

実行結果

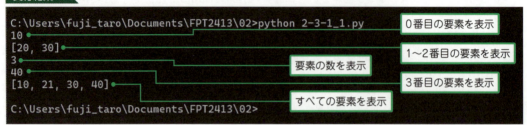

　3行目では、変数number_listの1番目と2番目の2つの要素を表示しています。開始値に1、終了値に3を指定していますが、終了値-1までのインデックスの要素を取得するため、1番目と2番目の要素である「20」「30」が表示されています。また、4行目では1番目の要素を数値「21」に変更しています。6行目ではappendメソッドで数値「40」をリストに追加し、7行目で3番目の要素「40」を表示しています。8行目のように、インデックスを指定しない場合は、すべての要素を表示します。

　また、リストへの要素の追加は、appendメソッドの代わりに累算代入演算子の「+=」（P.38参照）を使うことでも可能です。例えば、変数number_listに数値「40」を追加したい場合は、「number_list += [40]」のように記述します。

 よく起きるエラー ・・・・・・・・・・・・・・・・・・・・・・・・・・・・・・・・・

リストの範囲を超えたインデックスを指定すると、エラーになります。

実行結果

```
C:\Users\fuji_taro\Documents\FPT2413\02>python 2-3-1_1_e1.py
Traceback (most recent call last):
  File "C:\Users\fuji_taro\Documents\FPT2413\02\2-3-1_1_e1.py", line 2, in <module>
    print(number_list[3])
          ~~~~~~~~~~~^^^
IndexError: list index out of range

C:\Users\fuji_taro\Documents\FPT2413\02>
```

- エラーの発生場所：2行目「print(number_list[3])」
- エラーの意味　　：インデックスがリストの範囲を超えている（0〜2番目の3つの要素しかないのに、3番目の要素を指定している）。

プログラム：2-3-1_1_e1.py

```python
01  number_list = [10, 20, 30]
02  print(number_list[3])
03  print(number_list[1:3])
04  number_list[1] = 21
05  print(len(number_list))
06  number_list.append(40)
07  print(number_list[3])
08  print(number_list)
```

● **対処方法：2行目のインデックスの指定をリストの範囲に収める。**

extend メソッド

リストには、appendメソッドのほかにも様々なメソッドがあります。**extendメソッド**は、別のリストを末尾に追加します。次のプログラムでは、「10, 20, 30」を要素とするリストに、「40, 50」の要素を追加します。

プログラム：2-3-1_2.py

```python
01  number_list1 = [10, 20, 30]
02  number_list2 = [40, 50]
03  number_list1.extend(number_list2)
04  print(number_list1)
```

実行結果

```
C:\Users\fuji_taro\Documents\FPT2413\02>python 2-3-1_2.py
[10, 20, 30, 40, 50]

C:\Users\fuji_taro\Documents\FPT2413\02>
```

count メソッド

count メソッドは、リスト内で値の出現回数を取得します。次のプログラムでは、リストの要素に「太郎」が2個あるので、2を取得します。

プログラム：2-3-1_3.py

```python
01  name_list = ["太郎", "次郎", "太郎"]
02  print(name_list.count("太郎"))
```

実行結果

```
C:\Users\fuji_taro\Documents\FPT2413\02>python 2-3-1_3.py
2

C:\Users\fuji_taro\Documents\FPT2413\02>
```

 removeメソッド

remove メソッドは、リストから指定した値を削除します。次のプログラムでは、「10, 20, 30」を要素とするリストから、「20」の要素を削除します。

プログラム：2-3-1_4.py
```
01  number_list = [10, 20, 30]
02  number_list.remove(20)
03  print(number_list)
```

実行結果
```
C:\Users\fuji_taro\Documents\FPT2413\02>python 2-3-1_4.py
[10, 30]

C:\Users\fuji_taro\Documents\FPT2413\02>
```

> **Reference**
>
> ### インデックスを指定して削除する
>
> リストからインデックスを指定して値を削除するには、**del文**を使用して「del number_list[1]」のように指定します。
>
> プログラム：2-3-1_4_r1.py
> ```
> 01  number_list = [10, 20, 30]
> 02  del number_list[1]
> 03  print(number_list)
> ```
>
> 実行結果
> ```
> C:\Users\fuji_taro\Documents\FPT2413\02>python 2-3-1_4_r1.py
> [10, 30]
>
> C:\Users\fuji_taro\Documents\FPT2413\02>
> ```

リストから要素を削除する場合は、値を指定するのか、インデックスを指定するのかを使い分けよう。

indexメソッド

indexメソッドは、指定した要素のインデックスを取得します。次のプログラムでは、「10, 20, 30」を要素とするリストから、「20」の要素のインデックスを取得します。

```
プログラム：2-3-1_5.py
01  number_list = [10, 20, 30]
02  print(number_list.index(20))
```

実行結果
```
C:\Users\fuji_taro\Documents\FPT2413\02>python 2-3-1_5.py
1

C:\Users\fuji_taro\Documents\FPT2413\02>
```

2-3-2 多次元リスト

リストの中にリストを入れることも可能です。このような入れ子構造のリストのことを**多次元リスト**といいます。

多次元リスト

多次元リストは、[ ] の中に、同じく [ ] で囲んだリストを格納します。

構文　リストの変数名 = [[値 , 値 , ……], [値 , 値 , ……], ……]

例：変数 number_lists に、リスト「[10, 20, 30]」「[40, 50, 60]」を要素とする2次元リストを代入する。

```
number_lists = [[10, 20, 30], [40, 50, 60]]
```

多次元リストの値を取り出すときは、「number_lists[1][2]」のように、最初の [ ] で何番目のリストかを指定し、次の [ ] でそのリストの中で何番目の値を取り出すかを指定します。

```
                      [0]            [1]
number_lists   [[10, 20, 30], [40, 50, 60]]
                [0] [1] [2]   [0] [1] [2]        ← number_lists[1][2]
```

 実践してみよう

リストの中に4つのリストを格納した2次元リストを作成し、値を取り出してみましょう。

構文の使用例

プログラム：2-3-2.py

```
01  seats = [["011", "003", "008"], ["009", "005", "006"], ["012", "001", "007"],
           ["004", "002", "010"]]
02  print(seats[2][1])
```

解説

01 変数seatsに、リスト「["011", "003", "008"]」「["009", "005", "006"]」「["012", "001", "007"]」「["004", "002", "010"]」を要素とする2次元リストを代入する。
02 変数seatsの2番目の要素であるリストの、1番目の要素を表示する。

2行目で「print(seats[2][1])」と実行している部分は、まず変数seatsの中の2番目の要素である「["012", "001", "007"]」を指定し、次にその中で1番目の要素である文字列「001」を表示しています。

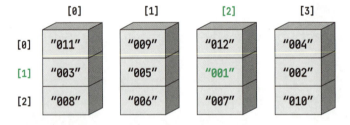

実行結果

```
C:\Users\fuji_taro\Documents\FPT2413\02>python 2-3-2.py
001

C:\Users\fuji_taro\Documents\FPT2413\02>
```

リストの中にリストを入れることで2次元リストが、リストの中のリストの中にリストを入れることで3次元リストが、……と、さらに発展させていくことで、より多次元のリストを構築することも可能です。

 どの次元のリストにおいても、要素番号はいずれも0から開始だから気を付けよう。

2-4 制御構造

プログラムを実行する順序のことを制御構造といいます。制御構造には、上から下に向かって順番に実行する順次構造、条件によって処理を分岐させる選択構造、同じ処理を繰り返す反復構造などがあります。

2-4-1 条件分岐

条件分岐を行うためには **if（イフ）文**を使います。if文のみでは2分岐ですが、**elif節**や**else節**を組み合わせることで、3分岐、4分岐、……と複数の分岐処理を作れます。

if文を使った条件分岐

ifのあとに半角スペースを入れ、条件式のあとに「:」（コロン）を付けます。条件式の判定結果がTrueの場合に実行する処理は、次の行にインデントして書きます。分岐が2つ以上あり分岐条件がある場合は、elifを使います。どの条件式もFalseの場合に実行したい処理がある場合は、最後にelseを付けます。

構文
```
if 条件式1:
    実行する処理1         ← 条件式1がTrueの場合に実行する
elif 条件式2:
    実行する処理2         ← 条件式2がTrueの場合に実行する
else:
    実行する処理3         ← どの条件式もFalseの場合に実行する
```

例：変数scoreの値が数値「90」以上の場合は「評価A」と表示、そうではなく変数scoreの値が数値「70」以上の場合は「評価B」と表示、それ以外の場合は「評価C」と表示する。

```python
if score >= 90:
    print("評価A")
elif score >= 70:
    print("評価B")
else:
    print("評価C")
```

インデントして字下げした範囲のことを**ブロック**といい、実行する処理の範囲を表します。例えば、if節の条件式がTrueの場合は、if節のブロックの処理を実行します。

また、if文全体に対してelif節は複数入れられますが、else節は1つのみ入れられます。

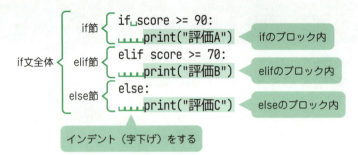

2分岐でTrueのときにしか処理を実行しない場合は、else節を省略するよ。else節とelif節は省略できるから、必要に応じて使うかどうかを選択しよう。

比較演算子

　比較演算子を使った演算は右辺と左辺を比較して、条件を満たしている場合はTrue（真）、条件を満たしていない場合はFalse（偽）で結果を返します。分岐処理の条件を判定する際に使います。

比較演算子

演算子	意味	例
<	左辺は右辺より小さい	a < b
<=	左辺は右辺以下	a <= b
>	左辺は右辺より大きい	a > b
>=	左辺は右辺以上	a >= b
==	左辺と右辺は等しい	a == b
!=	左辺と右辺は等しくない	a != b

　具体的な例を挙げてみましょう。例えば、「10 > 1」であれば「10は1より大きい」という意味です。「10は1より大きい」は正しい（条件を満たしている）ため、結果はTrueになります。ほかの例として、「10 <= 1」であれば「10は1以下」という意味です。「10は1以下」は誤り（条件を満たしていない）であるため、結果はFalseになります。

実践してみよう

次のプログラムは、変数ageに代入した値によって処理が分岐します。

構文の使用例

プログラム：2-4-1_1.py

```
01  age = 10
02  if age <= 3:
03      print("幼児")
04  elif age <= 12:
05      print("子供")
06  else:
07      print("大人")
```

解説

01 変数ageに数値「10」を代入する。
02 変数ageの値が数値「3」以下の場合、次の処理を実行する。
03 　　文字列「幼児」を表示する。
04 そうではなく変数ageの値が数値「12」以下の場合、次の処理を実行する。
05 　　文字列「子供」を表示する。
06 それ以外の場合、次の処理を実行する。
07 　　文字列「大人」を表示する。

2-4-1_1.pyは、プログラムの手順を表現する**フローチャート**と呼ばれる図式では、次のように表せます。

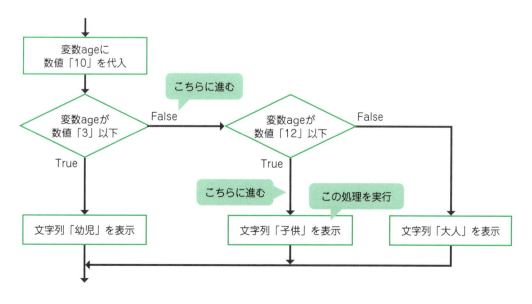

1行目で、変数ageに数値「10」を代入しているため、2行目の「age <= 3」の判定結果はFalseとなり、4行目の条件式の判定を行います。「age<= 12」の結果はTrueになるため、elif節のブロックに進みます。

変数ageの値によって処理の流れが変わるため、この値を書き換えて試してみるとよいでしょう。例えば、1行目で変数ageに数値「3」を代入するように書き換えると、実行結果は「幼児」になります。

```
実行結果
C:\Users\fuji_taro\Documents\FPT2413\02>python 2-4-1_1.py
子供

C:\Users\fuji_taro\Documents\FPT2413\02>
```

ifやelif、elseの行末に「:」を付け忘れた場合はエラーになるよ。発生しやすいミスだから注意してね。

🟢 論理演算子

論理演算子は、比較演算子と同様に分岐処理の判定に使う演算子で、「aかつb」「aまたはb」「aではない」といった判定を行えます。論理演算子の左辺と右辺には、TrueまたはFalseを返す式や値を置きます。

論理演算子

演算子	意味	機能	例
and	論理積	左辺と右辺の両方がTrueの場合にTrue、左辺と右辺の両方またはどちらかがFalseの場合にFalseを返す。	a and b
or	論理和	左辺と右辺の両方またはどちらかがTrueの場合にTrue、左辺と右辺の両方がFalseの場合にFalseを返す。	a or b
not	否定	右辺がTrueの場合はFalse、右辺がFalseの場合はTrueを返す。なお、not演算子では左辺は指定できない。	not a

```
プログラム：2-4-1_2.py
01  age = 15
02  print(age >= 7 and age <= 18)
03  print(age <= 18 or age >= 65)
04  print(not(age <= 65))
```

```
解説
01  変数ageに数値「15」を代入する。
02  変数ageの値は数値「7」以上、かつ、変数ageの値は数値「18」以下かの結果を表示する。
03  変数ageの値は数値「18」以下、または、変数ageの値は数値「65」以上かの結果を表示する。
04  変数ageの値は数値「65」以下、ではないかの結果を表示する。
```

> **実行結果**
> ```
> C:\Users\fuji_taro\Documents\FPT2413\02>python 2-4-1_2.py
> True
> True
> False
>
> C:\Users\fuji_taro\Documents\FPT2413\02>
> ```

論理演算子は比較演算子より優先順位が低いため、2行目は次のような流れで演算を行います。

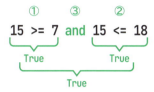

3行目はor演算子を使った演算を行っていますが、左辺と右辺のどちらかがTrueであればTrueを返すため、最終的な結果はTrueになります。また、4行目の「age <= 65」の結果はTrueですが、not演算子により反転されるため、最終的な結果はFalseになります。

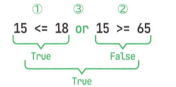 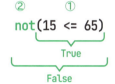

2-4-2 繰り返し ～for文～

Pythonで繰り返し処理を作る方法は、大きく分けて2つあります。1つは**for文**を使う方法で、もう1つは**while文**を使う方法です。

ここではfor文を紹介します。for文は、繰り返しにリストなど複数の値を1つにまとめたデータ群を使います。

for文はデータ群に格納されている値を1つずつ取り出して、変数に代入している間、処理を繰り返します。データ群に指定できるのは、格納している値に順番が設定されている**iterator（イテレータ）**と呼ばれる型です。

> リストはイテレータの一種で、for文の繰り返しのデータ群としてよく使うよ。

for文を使った繰り返し

「for 変数名 in データ群」が1セットで、データ群のあとには「:」(コロン)を付けます。繰り返す処理は、次の行にインデントして書きます。

構文
```
for 変数名 in データ群：
    繰り返す処理
```

例：変数number_listに、数値「10」「20」「30」を要素とするリストを代入する。変数number_listから要素を1つずつ取り出して、変数iに代入する間繰り返す。繰り返している間、変数iを表示する。

```
number_list = [10, 20, 30]
for i in number_list:
    print(i)
```

例に挙げた「for i in number_list」の場合、リスト[10, 20, 30]をデータ群として使います。1回目の繰り返しは、変数iに0番目の要素である数値「10」が代入されます。そのあと、2回目の繰り返しで数値「20」、3回目の繰り返しで数値「30」が変数iに代入され、すべての値を変数iに代入すると繰り返しが終了します。

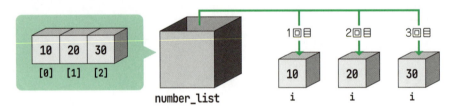

range関数でデータ群を作る

指定した回数繰り返したい場合は、**range関数**を使ってfor文に渡すデータ群を作れます。range関数はリストに似た**range(レンジ)型**と呼ばれるデータ群を戻り値で返します。渡した引数の数によって、データ群に格納される要素の数値が変わります。

range関数の引数

例	意味
range(終了値)	0から始まり、終了値-1までの数値を要素とするrange型のデータ群を作る。
range(開始値, 終了値)	開始値から、終了値-1までの数値を要素とするrange型のデータ群を作る。
range(開始値, 終了値, ステップ)	開始値から、ステップごとに終了値-1までの数値を要素とするrange型のデータ群を作る。

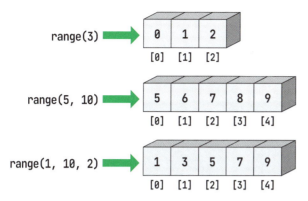

実践してみよう

次のプログラムは、あらかじめ用意したリストを使って繰り返し処理を行っています。

構文の使用例

プログラム：2-4-2_1.py

```
01  student_ids = ["a00001", "a00002", "a00003"]
02  for student_id in student_ids:
03      print(student_id)
```

解説

01 変数student_idsに、文字列「a00001」「a00002」「a00003」を要素とするリストを代入する。
02 変数student_idsから要素を1つずつ変数student_idに代入する間繰り返す。
03 　　変数student_idの値を表示する。

実行結果

```
C:\Users\fuji_taro\Documents\FPT2413\02>python 2-4-2_1.py
a00001
a00002
a00003

C:\Users\fuji_taro\Documents\FPT2413\02>
```

for文はこのように、データ群を使って決まった回数処理を繰り返すよ。ここではWhile文は紹介しないけど、While文だと指定した条件を満たしている間処理を繰り返すよ。

よく起きるエラー •

if文と同様に、for文も末尾に「:」を付け忘れるとエラーになります。

> 実行結果
> ```
> C:\Users\fuji_taro\Documents\FPT2413\02>python 2-4-2_1_e1.py
>   File "C:\Users\fuji_taro\Documents\FPT2413\02\2-4-2_1_e1.py", line 2
>     for student_id in student_ids
>                                  ^
> SyntaxError: expected ':'
>
> C:\Users\fuji_taro\Documents\FPT2413\02>
> ```

- エラーの発生場所：2行目「for student_id in student_ids」
- エラーの意味　　：「:」がない（無効な構文）。

> プログラム：2-4-2_1_e1.py
> ```
> 01  student_ids = ["a00001", "a00002", "a00003"]
> 02  for student_id in student_ids        ←「:」がない
> 03      print(student_id)
> ```

- 対処方法：2行目の末尾に「:」を付ける。

range関数を使った例

次に、データ群にrange関数の戻り値を使ったプログラムを見てみましょう。

> プログラム：2-4-2_2.py
> ```
> 01  total = 1
> 02  for i in range(10):
> 03      total = total * 2
> 04  print(total)
> ```

> 解説
> 01 変数totalに数値「1」を代入する。
> 02 「0〜9」の範囲内の数値を1つずつ変数iに代入する間繰り返す。
> 03　　変数totalに、変数totalの値に数値「2」を掛けた結果を代入する。
> 04 変数totalの値を表示する。

　range関数を呼び出すとき、数値「10」のみを引数に指定しているため、「0〜9」の範囲の数値を要素とするデータ群を作ります。データ群の要素数が10になるため、繰り返し処理は10回行います。1回目は「1 * 2→2」、2回目は「2 * 2→4」、3回目は「4 * 2→8」、4回目は「8 * 2→16」、5回目は「16 * 2→32」、6回目は「32 * 2→64」、7回目は「64 * 2→128」、8回目は「128 * 2→256」、9回目は「256 * 2→512」、10回目は「512 * 2→1024」の演算を行って、最終的な結果は数値「1024」になります。

実行結果

```
C:\Users\fuji_taro\Documents\FPT2413\02>python 2-4-2_2.py
2
4
8
16
32
64
128
256
512
1024

C:\Users\fuji_taro\Documents\FPT2413\02>
```

4行目の「print(total)」をインデントしないで記述した場合は、途中経過は表示しないで、最終的な結果である「1024」だけを表示するよ。

続いて、range関数に引数を2つ指定した例です。

プログラム：2-4-2_3.py

```
01  for i in range(6, 10):
02      print(str(i) + "月です")
```

解説

01　「6～9」の範囲内の数値を変数iに1つずつ代入する間繰り返す。
02　　変数iの値を文字列に変換した結果と、文字列「月です」を連結した結果を表示する。

　データ群に「range（6，10）」を入れているため、「6～9」の範囲の数値を要素とするデータ群が戻り値で得られます。そのため、繰り返し処理は4回行い、変数iには、数値「6」から「9」までの値が入ります。なお、2行目は、数値が格納された変数iの値と文字列「月です」を結合して1つの文字列を作って表示するので、変数iの値をstr関数で文字列に変換しています。

実行結果

```
C:\Users\fuji_taro\Documents\FPT2413\02>python 2-4-2_3.py
6月です
7月です
8月です
9月です

C:\Users\fuji_taro\Documents\FPT2413\02>
```

2-5 エラーとデバッグ

プログラミングにエラーはつきものです。もし作成したプログラムが動かなかった場合、エラーの原因を突き止めて、エラーを解消する必要があります。ここでは、エラーの概要や、エラーを解消するデバッグの方法について説明します。

2-5-1 エラー

プログラムがうまく動かないことを**エラー**といいます。Pythonのプログラムで発生するエラーには、大きく分けて次の「構文エラー」と「例外」の2つがあります。

エラーの分類

エラー	内容	例
構文エラー	誤った文法で記述されているときに発生するエラー。プログラムの実行前に検出される。	インデントが間違っている
例外	プログラムの実行時に検出されるエラー。	文字列と数値を連結する

> **Reference**
>
> **例外の種類**
>
> 一例として、Pythonの例外には次のような種類があります。
>
> **Pythonの代表的な例外の種類**
>
> | 例外 | 内容 | 例 |
> | --- | --- | --- |
> | ZeroDivisionError | 0で割り算をした際に発生する例外。 | print(100 / 0) |
> | TypeError | データ型が合わないときに発生する例外。 | print(100 + "番") |
> | NameError | 変数などの名前が存在しないときに発生する例外。 | name = "FUJIT出版"
print(nama) |
> | IndexError | リストなどで存在しないインデックスを指定した際に発生する例外。 | number_list = [10, 20]
print(number_list[2]) |
> | ImportError | インポート（P.66参照）がうまくいかないときに発生する例外。 | import openpyxl from load_Workbook |

エラーには、実行する前に発生するもの（＝構文エラー）と、実行するタイミングで発生するもの（＝例外）があるよ。はじめは難しいけど、区別するようにしてね。

> **Reference**
>
> ### 論理エラー
>
> プログラムはエラーにならず実行されるものの、意図した結果にならないことを**論理エラー**といいます。例えば、リストのスライス（P.45参照）で、インデックスが1から3の要素を取得しようとして [1:3] と指定したとします。ですが、リストのスライスでは終了位置のインデックスの1つ手前までを取得するので、この場合はインデックスが1から2の要素が取得されます。正しくは [1:4] と指定する必要があるのです。
>
> **プログラム：2-5-1_r1.py**
> ```
> 01  number_list = [10, 20, 30, 40, 50]
> 02  print(number_list[1:3])
> ```
> ← インデックスが1から2の要素が取得される
>
> **実行結果**
> ```
> C:\Users\fuji_taro\Documents\FPT2413\02>python 2-5-1_r1.py
> [20, 30]
> C:\Users\fuji_taro\Documents\FPT2413\02>
> ```
> インデックスが1から2の要素が取得されている
>
>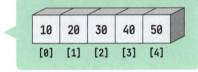

2-5-2 デバッグ

エラーの原因となる箇所（**バグ**）を取り除くことを、**デバッグ**といいます。

多くのIDE（P.24参照）には、画面上で操作してデバッグをするための機能が付属しているよ。

ここでは、メモ帳とコマンドプロンプトでプログラムを作成する場合におけるデバッグの方法について、紹介します。

print関数を使ったデバッグ

例えば、変数numの値が偶数だったら文字列「偶数」と表示し、奇数だったら文字列「奇数」と表示するプログラムを考えてみます。

偶数か奇数かの判定は、if文を使って「num % 2」の値が0かどうか、つまり変数numを2で割った余りが0かどうかで判定できます。

このとき、変数numの値に対する文字列（「偶数」または「奇数」）が一致しているかどうかを確認するために、最初にprint関数で変数numの値を表示します。

プログラム：2-5-2_1.py
```
01  for num in range(1, 7):
02      print(num)     ← 変数numの値を確認する
03      if num % 2 == 0:
04          print("偶数")
05      else:
06          print("奇数")
```

実行結果
```
C:\Users\fuji_taro\Documents\FPT2413\02>python 2-5-2_1.py
1
奇数
2
偶数
3
奇数
4
偶数
5
奇数
6
偶数

C:\Users\fuji_taro\Documents\FPT2413\02>
```

変数numの値が1のときに文字列「奇数」、変数numの値が2のときに文字列「偶数」、変数numの値が3のときに文字列「奇数」、変数numの値が4のときに文字列「偶数」、変数numの値が5のときに文字列「奇数」、変数numの値が6のときに文字列「偶数」と表示されているので、プログラムが正しく動作していることがわかります。このように、print関数を使うことで、プログラムの途中での変数の値を確認することができるため、プログラムが正しく動いていかどうかが確認しやすくなります。

実際にプログラミングをするときは、print関数を使って変数の値を確かめながらソースコードの作成と実行を繰り返すことが多いよ。そうすることで、プログラムが正しく動作しているかどうかを判断できるので、プログラミングがしやすくなるよ。

breakpoint関数を使ったデバッグ

プログラム「2-5-2_1.py」と同様に、変数numの値が偶数だったら文字列「偶数」と表示し、奇数だったら文字列「奇数」と表示するプログラムの例で考えてみます。

プログラム「2-5-2_1.py」では、for文を使って処理を6回繰り返す中で、print関数を使って変数numの値を確認しながら、その値が「奇数」なのか「偶数」なのかを表示しました。それに対して、次のプログラムでは、同様にfor文を使って処理を6回繰り返す中で、処理を一旦止めることによって変数numの値を確認し、その値が「奇数」なのか「偶数」なのかを表示します。

breakpoint関数を使うと、実行しているプログラムを途中で止めて、変数の値などを確認することができます。

プログラム：2-5-2_2.py

```
01  for num in range(1, 7):
02      breakpoint()  ——— プログラムを途中で止める
03      if num % 2 == 0:
04          print("偶数")
05      else:
06          print("奇数")
```

実行結果

```
C:\Users\fuji_taro\Documents\FPT2413\02>python 2-5-2_2.py
> c:\users\fuji_taro\documents\fpt2413\02\2-5-2_2.py(2)<module>()
-> breakpoint()
(Pdb)
```

「(Pdb)」と表示される

実行すると、breakpoint関数を記述した箇所でプログラムが止まってコマンドプロンプトに「(Pdb)」と表示され、画面にコマンドを入力して現時点での変数の値などを確認できるようになります。

「print (num)」と入力して Enter を押すと、この時点での変数numの値である数値「1」が表示されます。

```
(Pdb) print(num)
1
(Pdb)
```

変数numの値が表示される

「continue」と入力して Enter を押すと、再びbreakpoint関数を記述した箇所まで処理が進みます。変数numの値が1なので、「奇数」と正しく表示されていることが確認できます。

```
(Pdb) continue
奇数
> c:\users\fuji_taro\documents\fpt2413\02\2-5-2_2.py(2)<module>()
-> breakpoint()
(Pdb) |
```

「奇数」と表示される

ここでもう一度「print(num)」と入力して Enter を押すと、今度は「2」が表示されます。「continue」で処理を進めると、変数numの値が2なので、「偶数」と正しく表示されることが確認できます。

```
(Pdb) print(num)
2         ← 変数numの値が表示される
(Pdb) continue
偶数       ← 「偶数」と表示される
> c:\users\fuji_taro\documents\fpt2413\02\2-5-2_2.py(2)<module>()
-> breakpoint()
(Pdb)
```

さらに「print(num)」と入力して Enter を押すと、今度は「3」が表示されます。「continue」を入力して処理を進めると、変数numの値が3なので、「奇数」と正しく表示されることが確認できます。

```
(Pdb) print(num)
3         ← 変数numの値が表示される
(Pdb) continue
奇数       ← 「奇数」と表示される
> c:\users\fuji_taro\documents\fpt2413\02\2-5-2_2.py(2)<module>()
-> breakpoint()
(Pdb)
```

「quit」と入力して Enter を押すと、途中でデバッグを中断できます。

```
(Pdb) quit
Traceback (most recent call last):
  File "C:\Users\fuji_taro\Documents\FPT2413\02\2-5-2_2.py", line 2, in <module>
    breakpoint()
    ~~~~~~~~~~^^
  File "C:\Users\fuji_taro\AppData\Local\Programs\Python\Python313\Lib\bdb.py", line 110, in trace_dispatch
    return self.dispatch_opcode(frame, arg)
           ^^^^^^^^^^^^^^^^^^^^^^^^^^^^^^^^
  File "C:\Users\fuji_taro\AppData\Local\Programs\Python\Python313\Lib\bdb.py", line 210, in dispatch_opcode
    if self.quitting: raise BdbQuit
                     ^^^^^^^^^^^^^^
bdb.BdbQuit

C:\Users\fuji_taro\Documents\FPT2413\02>
```

このように、breakpoint関数を使うことで、プログラムを途中で止めることができます。その止めたタイミングでの変数の値を確認することができるため、プログラムが正しく動いていかどうかが確認しやすくなります。

このように、breakpoint関数は、プログラムを途中で止めて確認できるので便利だよ。プログラムの作成は、デバッグをしながら段階的に完成させていくのが効率的なんだ。

2-6 ライブラリ

1章で説明したように、Pythonには充実したライブラリがあります。Pythonをインストールすると使えるようになる標準ライブラリはもちろん、外部ライブラリも使うことで、Excelファイルの操作や機械学習などのプログラムを作成できます。

2-6-1 ライブラリとは

ライブラリとは、よく使われる処理のプログラムがまとめられたものです。ライブラリを用いることで、プログラムをすべて自分で作成しなくても、多彩な処理が実行できます。Pythonのライブラリは、Pythonをインストールしたら標準で含まれている**標準ライブラリ**と、個人や企業などによって作成された**外部ライブラリ**があります。Pythonには、特にデータ分析や機械学習のための外部ライブラリが充実しているという特徴があります。

ライブラリを使用することで、Webサーバとの通信処理や日付管理、様々な形式のファイルへのアクセスや複雑な算術計算など、幅広い処理を実行できます。

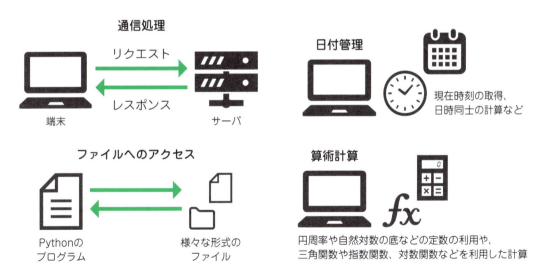

標準ライブラリとは

標準ライブラリは、Pythonをインストールしたら標準で付属しているライブラリであり、個別にライブラリをインストールせずに利用できます。Pythonの標準ライブラリの一覧は、次のURLから確認できます。

- https://docs.python.org/ja/3/library/index.html

主な標準ライブラリ

名称	説明
math	数値計算を行う。
datetime	日付や時間を管理する。
time	時間に関する処理を扱う。
Tkinter	GUI（画面で操作する）アプリケーションを作成する。
random	疑似乱数を扱う。
csv	CSVファイル（P.113参照）のデータを扱う。
sys	システムに関わるデータを扱う。
pathlib	ファイルのパス（場所）に関するデータを扱う。

外部ライブラリとは

　外部ライブラリとは、Pythonの公式開発元以外の個人や企業などによって開発されたライブラリです。標準ライブラリの範囲では難しい処理が、外部ライブラリを使うことで簡単に実行できるようになります。また、外部ライブラリは標準ライブラリと異なり、個別にインストールしてから使う必要があります。

　例えば、Excelファイルを扱う処理を記述しようとした場合、すべての処理を自分で作成するのは非常に大変です。そこで、外部ライブラリの**openpyxl**を使うと、「Excelファイルを開いて内容を読み込む」「セルに書き込む」といった処理が関数としてまとめられているので、事前にインストールしたライブラリを**インポート**（読み込み）してから、関数を実行するだけで簡単にExcelファイルを扱うプログラムを作成できるのです。

　Pythonには、次のような様々な外部ライブラリが存在します。

主な外部ライブラリ

名称	説明	URL
openpyxl	Excelファイルを操作する。	https://openpyxl.readthedocs.io/en/stable/
Requests	HTTP通信を行う。	https://requests.readthedocs.io/en/latest/
scikit-learn	機械学習を行う。	https://scikit-learn.org/stable/
TensorFlow	機械学習を行う。	https://www.tensorflow.org/?hl=ja
Matplotlib	グラフを描画する。	https://matplotlib.org/
OpenCV	高度な画像処理を行う。	https://opencv.org/
Pillow	シンプルな画像処理を行う。	https://pillow.readthedocs.io/en/stable/
Pandas	データ分析を行う。	https://pandas.pydata.org/
NumPy	数値計算やデータ処理を行う。	https://numpy.org/
Beautiful Soup	スクレイピングを行う。	https://www.crummy.com/software/BeautifulSoup/

ライブラリの構成

Pythonのライブラリは、Pythonで記述されたプログラムによって構成されています。プログラムが記述された1つのファイルを**モジュール**といい、モジュールには関数定義などのプログラムが記述されています。また、複数のモジュールの集まりを**パッケージ**といいます。

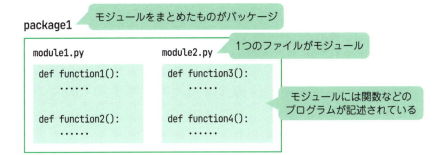

2-6-2 openpyxlとは

openpyxlとは、Excelファイルを操作するための外部ライブラリです。また、openpyxlはライブラリ名であり、パッケージ名でもあります。Excelファイルを操作するために、openpyxlには様々なモジュールが用意されています。モジュールには、関数のほかに**クラス**と呼ばれるデータ型が記述されています。クラスには、独自の変数やメソッド（操作）が定義されています。クラスで定義されている情報を基にして、具体的な**オブジェクト**と呼ばれるデータを生成（作成）します。この生成したオブジェクトを変数に代入し、Excelファイルの操作を実行していきます。セルの値の読み込みや書き込みはもちろん、Excelの関数の実行や、セルの書式の設定など、様々なExcelファイルの操作が可能になります。

openpyxlの主なモジュール

名称	説明
workbook	Excelのファイル（ブック）を扱うモジュール。ブックを作成したり、ブックの中にシートを追加したりするWorkbookクラスなどが定義されている。
worksheet	Excelのシートを扱うモジュール。シート名を変更したり、シートの中のセルの値を読み込んだりするWorksheetクラスなどが定義されている。
cell	Excelのセルを扱うモジュール。セルの値を読み込んだり、セルに値を書き込んだりするCellクラスなどが定義されている。
styles	Excelの書式設定を扱うモジュール。罫線を扱うBorderクラスや、セルの色を扱うPatternFillクラスなどが定義されている。
chart	Excelのグラフを扱うモジュール。棒グラフを扱うBarChartクラスや、円グラフを扱うPieChartクラスなどが定義されている。

2-6-3 openpyxlのインストール

外部ライブラリを使用するためには、インストールをする必要があります。ライブラリのインストールには、コマンドプロンプトで**pipコマンド**を使用します。pipコマンドは、Pythonをインストールすると使用できるようになるコマンドです。pipコマンドを使って外部ライブラリをインストールする際は、コマンドプロンプトで「pip install ライブラリ名(パッケージ名)」のようにライブラリ名(パッケージ名)を指定して、pipコマンドを実行します。

それでは実際に、PythonでExcelファイルを操作するために必要となる外部ライブラリ「openpyxl」をインストールしましょう。コマンドプロンプトに「pip install openpyxl」と入力して、openpyxlをインストールします。

```
C:\Users\fuji_taro>pip install openpyxl          「pip install openpyxl」と入力し Enter を押す
Collecting openpyxl
  Downloading openpyxl-3.1.5-py2.py3-none-any.whl.metadata (2.5 kB)
Collecting et-xmlfile (from openpyxl)
  Downloading et_xmlfile-2.0.0-py3-none-any.whl.metadata (2.7 kB)
Downloading openpyxl-3.1.5-py2.py3-none-any.whl (250 kB)
Downloading et_xmlfile-2.0.0-py3-none-any.whl (18 kB)
Installing collected packages: et-xmlfile, openpyxl
Successfully installed et-xmlfile-2.0.0 openpyxl-3.1.5

[notice] A new release of pip is available: 24.2 -> 24.3.1
[notice] To update, run: python.exe -m pip install --upgrade pip

C:\Users\fuji_taro>
```

最後に「Successfully installed」と表示されれば、正常にインストールできています。

外部ライブラリであるopenpyxlをインストールしたあとは、Pythonのプログラムに「import openpyxl」とimport文を記述することで、外部ライブラリであるopenpyxlが使用可能になります。

「pip list」とコマンドを入力して実行すると、インストールした外部ライブラリ(あらかじめインストールされているpipのようなライブラリも含む)の一覧が確認できます。ここで、openpyxlが表示されれば、openpyxlがインストールされていることを確認できます。なお、右側に表示される数値は、インストールした外部ライブラリのバージョンになります。

```
C:\Users\fuji_taro>pip list          ❶「pip list」と入力し Enter を押す
Package   Version
--------- -------
et_xmlfile 2.0.0
openpyxl   3.1.5                      ❷openpyxlが表示される
pip        24.2

C:\Users\fuji_taro>
```

第 3 章

Python で Excel を 操作する

3-1 セルの操作

まずは、openpyxlを使ったPythonによるExcelファイルの操作の基本として、セルの操作を身に付けていきます。セルの値を取得したり、セルに値やExcelの関数を入力したりするプログラムを作成してみましょう。

3-1-1 データの取得

Excelのファイルのことを**ブック**ともいいます。Excelは、ブックの中に**シート**があり、シートの中に**セル**があるというデータの構造になっています。ブックを読み込むには、openpyxlライブラリ（パッケージ）の **load_workbook関数** を使用します。その後、**activeプロパティ** を指定して、ブックを開いて最初に表示されるシートを取得し、**cellメソッド** でセルを取得したら、**valueプロパティ** でデータを取得します。

セルのデータを取得する

openpyxlをインポートし、load_workbook関数を使うと、Excelのブックを Workbook クラスのオブジェクトとして読み込みます。Workbook オブジェクトに「.」（ピリオド）でつないで active プロパティを指定すると、ブックを読み込んで最初に表示されるシートを Worksheet クラスのオブジェクトとして取得できます。Worksheet オブジェクトの cell メソッドを使うと、セルを Cell クラスのオブジェクトとして取得することができます。セルの値を取得するには、Cell オブジェクトで value プロパティを指定します。

構文
```
ブックの変数名 = openpyxl.load_workbook( ファイル名 )
シートの変数名 = ブックの変数名.active
セルの変数名 = シートの変数名.cell(row= 行番号 , column= 列番号 )
セルの変数名.value
```

例：openpyxlをインポートし、load_workbook関数で「成績.xlsx」というファイルを読み込んで変数wbに代入する。変数wsに、ブックを開いて最初に表示されるシートを代入し、cellメソッドで行番号3、列番号2のセルを取得して、valueプロパティでセルの値を取得する。

```
import openpyxl

wb = openpyxl.load_workbook("成績.xlsx")
ws = wb.active
wc = ws.cell(row=3, column=2)
print(wc.value)
```

例のプログラムで読み込んでいる「成績.xlsx」が次のような状態の場合、print関数で「68」が出力されます。Excelファイルのシート上では列をアルファベットで表現しますが、Pythonでセルを取得するときは1から始まる数値で指定します。

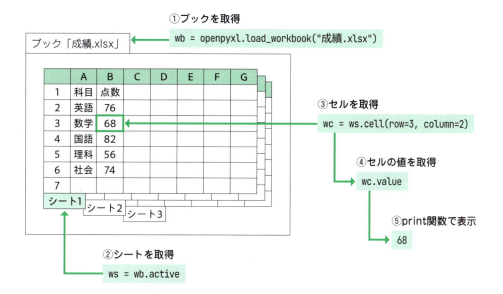

なお、WorkbookクラスのオブジェクトのactiveやCellクラスのオブジェクトのvalueなど、「.」（ピリオド）でつないで指定することで取得できる読み込み専用の値のことを、**プロパティ**と呼びます。

> セルの値を1行のソースコードで取得したい場合、「ws.cell(row=3, column=2).value」のように「.」を2個つなげて書くことができるよ。

Reference

Excelのブックを読み取り専用で開く

Excelのブックの変更をしたくない場合は、読み取り専用で開くことができます。その場合、load_workbook関数のキーワード引数 read_only に True を指定して、「openpyxl.load_workbook(ファイル名, read_only=True)」のように実行します。なお、読み取り専用で開いた場合、Excelのブックが開かれたままになる可能性があります。もし、開かれたままになるとメモリを消費するため、プログラムの最後に、Workbookクラスのオブジェクトのメソッドであるcloseメソッドを使用して、「ブックの変数名.close()」のようにしてブックを閉じるようにしましょう。

```
wb = openpyxl.load_workbook("成績.xlsx", read_only=True)
wb.close()
```

👍 実践してみよう

次のプログラムは、Excelのブックを読み込み、その中のセルの値を取得して表示しています。

プログラムを実行する前に、Pythonのプログラムのフォルダと同じ場所にあらかじめ「成績.xlsx」というファイル名のブックを用意しておき、読み込む対象のセル（ここでは3行目2列目の「68」）を把握しておきます。なお、openpyxlライブラリ（パッケージ）を使用するので、もしインストールしていない場合はP.68の手順でインストールを行ってください。

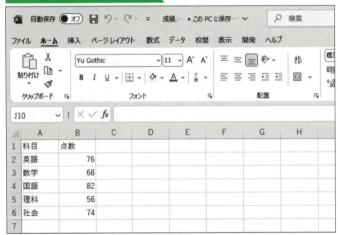

Excelのブック：成績.xlsx

📄 構文の使用例

プログラム：3-1-1_1.py

```
01  import openpyxl           ──── openpyxlをインポート
02
03  wb = openpyxl.load_workbook("成績.xlsx")
04  ws = wb.active
05  print(ws.cell(row=3, column=2).value)  ──── 3行目2列目の値を取得する
```

解説

01 openpyxlライブラリをインポートする。
02
03 「成績.xlsx」というファイル名のブックを読み込み、変数wbに代入する。
04 変数wb（ブック）を開いて最初に表示されるシートを取得し、変数wsに代入する。
05 変数ws（シート）の3行目2列目のセルの値を表示する。

> **実行結果**
> ```
> C:\Users\fuji_taro\Documents\FPT2413\03>python 3-1-1_1.py
> 68
>
> C:\Users\fuji_taro\Documents\FPT2413\03>
> ```

実行すると、3行目2列目（セルB3）に対応する値である「68」が表示されていることがわかります。

 よく起きるエラー

値が入力されていないセルを指定した場合、値が存在しないことを示す「None」が取得されます。

> **実行結果**
> ```
> C:\Users\fuji_taro\Documents\FPT2413\03>python 3-1-1_1_e1.py
> None  ← 指定したセルに値が存在しないことを示す
>
> C:\Users\fuji_taro\Documents\FPT2413\03>
> ```

- エラーの発生場所：5行目「print(ws.cell(row=2, column=3).value)」
- エラーの意味　　：値が入力されていないセルを指定している。

プログラム：3-1-1_1_e1.py
```
01  import openpyxl
02
03  wb = openpyxl.load_workbook("成績.xlsx")
04  ws = wb.active
05  print(ws.cell(row=2, column=3).value)  ← 値が入力されていないセル（2行目3列目）を指定している
```

- 対処方法：値が入力されているセルを指定する。

> 5行目を「print(ws["B3"].value)」のように指定しても、セルの値を取得できるよ。

行ごとに値を読み込む

Worksheetオブジェクトの**values**プロパティで、シート全体の値を取得できます。さらに、二重の繰り返し処理で、シート全体の値を行ごとに読み込み、行の値からセルの値を1つずつ表示できます。

次のプログラムでは、5行目でシート全体の値（＝データが入力されているセルA1～B6の範囲の値）から、1行ずつ変数rowに代入しながら処理を繰り返します。5行目の1回目の処理で最初の1行（セルA1「科目」とセルB1「点数」）を変数rowに代入し、6行目で1セルずつ変数valueに代入して7行目で「科目」「点数」の順で表示します。次に5行目の2回目の処理へと進んで「英語」「76」の順で表示し、5行目は6回目まで処理して終了します。

プログラム：3-1-1_2.py

```python
01  import openpyxl
02
03  wb = openpyxl.load_workbook("成績.xlsx")
04  ws = wb.active
05  for row in ws.values:          シート全体の値を、1行ずつ読み込んで変数rowに代入する
06      for value in row:          行の値を、1セルずつ読み込んで変数valueに代入する
07          print(value)
```

実行結果

```
C:\Users\fuji_taro\Documents\FPT2413\03>python 3-1-1_2.py
科目
点数
英語
76
数学
68
国語
82
理科
56
社会
74

C:\Users\fuji_taro\Documents\FPT2413\03>
```

3-1-2 データの入力

　Excelのブックを作成し、セルに値を書き込みましょう。Workbookオブジェクトを作成し、セルに値を入力するなどの操作を行ったあと、**saveメソッド**でファイル名を指定してブックを保存します。

Excelのブックを作成して保存する

Workbookクラスのオブジェクトを作成し、設定したいファイル名を引数にしてsaveメソッドと呼び出すと、Excelのブックを作成して保存できます。

構文	ブックの変数名 = openpyxl.Workbook() ブックの変数名.save(Excelのファイル名)

例：「新規資料.xlsx」というファイル名でExcelのブックを作成して保存する。

```python
wb = openpyxl.Workbook()
wb.save("新規資料.xlsx")
```

セルに値を書き込む

セルに値を書き込む場合も、読み込むときと同様に、シートを取得してからセルを取得します。openpyxlで新たにブックを作成した場合、自動で「Sheet」という名前のシートが1つ作成されます。Workbookクラスのオブジェクトを持つ変数でactiveプロパティを指定して、シートを取得しましょう。

シートの取得後、cellメソッドを使用して、例えばセルの1行目2列目に値「富士 太郎」を入力する場合は、「ws.cell (row=1, column=2, value="富士 太郎")」のように指定します。valueプロパティを直接変更することはできないため、cellメソッドのキーワード引数valueで書き込む値を指定する必要があります。

「ws["B1"] = "富士 太郎"」のように指定することでも、セルの1行目2列目（セルB1）に値を入力できるよ。

実践してみよう

次のプログラムでは、Excelのブックを新しく作成し、セルに値を書き込んでから「名前一覧.xlsx」というファイル名でブックを保存しています。

構文の使用例

プログラム：3-1-2.py

```
01  import openpyxl
02
03  wb = openpyxl.Workbook()
04  ws = wb.active
05  ws.cell(row=1, column=1, value="富士 太郎")
06  ws.cell(row=2, column=1, value="富士 明日花")
07  wb.save("名前一覧.xlsx")
```

解説

01　openpyxlライブラリをインポートする。
02
03　Workbookクラスのオブジェクト（ブック）を生成し、変数wbに代入する。
04　変数wb（ブック）を開いて最初に表示されるシートを取得し、変数wsに代入する。
05　変数ws（シート）の1行目1列目のセルに、文字列「富士 太郎」を入力する。
06　変数ws（シート）の2行目1列目のセルに、文字列「富士 明日花」を入力する。
07　変数wb（ブック）を「名前一覧.xlsx」というファイル名で保存する。

> **実行結果**
> ```
> C:\Users\fuji_taro\Documents\FPT2413\03>python 3-1-2.py
> C:\Users\fuji_taro\Documents\FPT2413\03>
> ```

実行すると、プログラムと同じフォルダに新しくExcelのブック「名前一覧.xlsx」が作成されます。1行目1列目（セルA1）と、2行目1列目（セルA2）に、指定したとおりに値が入力されているか確認してみましょう。

Excelのブック：名前一覧.xlsx

	A	B	C	D	E	F	G	H
1	富士 太郎					値が入力されている		
2	富士 明日花							
3								
4								

※ A列の列幅は、Excelのブックを作成後に広げています。

 よく起きるエラー ・・・

ブックを新しく保存する際に、ファイル名を正しく指定しないとエラーになります。

> **実行結果**
> ```
> C:\Users\fuji_taro\Documents\FPT2413\03>python 3-1-2_e1.py
> Traceback (most recent call last):
>   File "C:\Users\fuji_taro\Documents\FPT2413\03\3-1-2_e1.py", line 7, in <module>
>     wb.save(名前一覧.xlsx)
>             ^^^^^^^
> NameError: name '名前一覧' is not defined
>
> C:\Users\fuji_taro\Documents\FPT2413\03>
> ```

- エラーの発生場所：7行目「wb.save(名前一覧.xlsx)」
- エラーの意味　　：指定した名前が定義されていない。

プログラム：3-1-2_e1.py
```
01  import openpyxl
02
03  wb = openpyxl.Workbook()
04  ws = wb.active
05  ws.cell(row=1, column=1, value="富士 太郎")
06  ws.cell(row=2, column=1, value="富士 明日花")
07  wb.save(名前一覧.xlsx)　←　ファイル名を正しく指定していない
```

- 対処方法：指定するファイル名の前後に「"」（ダブルクォーテーション）を記述する。

3-1-3 数式

　openpyxlを使うことで、PythonからExcelの**数式**を入力することも可能です。セルに値を入力するときと同様に、Worksheetクラスのcellメソッドを使用してセル番地を指定し、入力したい数式をキーワード引数valueに指定します。数式には、次のような関数を使うことができます。

Excelの主な関数

名称	説明
SUM	指定した範囲の数値を合計する
ROUND	値を四捨五入する
COUNTIF	条件を満たした値の数を数える

実践してみよう

　次のプログラムでは、Excelのブック「部署人数.xlsx」を読み込み、数値をSUM関数で合計する数式をセルに入力して、別名のExcelのブック「部署人数（集計後）.xlsx」を作成して保存します。

Excelのブック：部署人数.xlsx

	A	B	C	D	E	F	G	H
1	部署	人数						
2	営業部	12						
3	総務部	3						
4	開発部	8						
5								
6								

構文の使用例

プログラム：3-1-3_1.py

```python
01  import openpyxl
02
03  wb = openpyxl.load_workbook("部署人数.xlsx")
04  ws = wb.active
05  ws.cell(row=5, column=1, value="合計")
06  ws.cell(row=5, column=2, value="=SUM(B2:B4)")
07  wb.save("部署人数(集計後).xlsx")
```

解説

01	openpyxlライブラリをインポートする。
02	
03	「部署人数.xlsx」というファイル名のブックを読み込み、変数wbに代入する。
04	変数wb（ブック）を開いて最初に表示されるシートを取得し、変数wsに代入する。
05	変数ws（シート）の5行目1列目のセルに、文字列「合計」を入力する。
06	変数ws（シート）の5行目2列目のセルに、文字列「=SUM(B2:B4)」を入力する。
07	変数wb（ブック）を「部署人数（集計後）.xlsx」というファイル名で保存する。

実行結果

```
C:\Users\fuji_taro\Documents\FPT2413\03>python 3-1-3_1.py

C:\Users\fuji_taro\Documents\FPT2413\03>
```

　実行すると、プログラムと同じフォルダに新しくExcelのブック「部署人数（集計後）.xlsx」が作成されます。5行目1列目（セルA5）には文字列「合計」が入力され、5行目2列目（セルB5）には人数の合計値である「23」が表示されているか確認してみましょう。合わせて、5行目2列目（セルB5）にカーソルがある状態で、数式が正しく入力されていることも確認しておきましょう。

Excel のブック：部署人数（集計後）.xlsx

数式が入力されている

人数の合計値が表示されている

数式の計算結果を取得する

　数式が入力されたセルの値をvalueプロパティで取得すると、数式の計算結果ではなく、数式の文字列そのものが取得されます。例えば、ブック「部署人数（集計後）.xlsx」のセルB5の値をvalueプロパティで取得すると、計算結果の「23」ではなく、数式の文字列である「=SUM（B2:B4）」が取得されます。

　数式の計算結果を取得するには、load_workbook関数でブックを開くときに、引数data_onlyにTrueを指定して「openpyxl.load_workbook（ファイル名，data_only=True）」のように実行します。なお、数式の計算結果を取得するには、数式が記載されたブック「部署人数（集計後）.xlsx」を一度開いて上書き保存をしておく必要があります。表示されている数式の計算結果である「23」は、一度開いて上書き保存をしないと、実際にはブックに保存されないためです。

プログラム：3-1-3_2.py

```python
01 import openpyxl
02
03 wb = openpyxl.load_workbook("部署人数(集計後).xlsx", data_only=True)
```

```
04  ws = wb.active
05  print(ws.cell(row=5, column=2).value)
```

実行結果

```
C:\Users\fuji_taro\Documents\FPT2413\03>python 3-1-3_2.py
23
C:\Users\fuji_taro\Documents\FPT2413\03>
```

数式の計算結果「23」が
表示されている

実行すると、数式の計算結果である「23」が表示されます。なお、ブック「部署人数（集計後）.xlsx」
を上書き保存しないで実行すると、「None」と表示されます。

3-1-4 パラメータ

PythonでExcelファイルを操作するときに、Excelファイルを操作するための関数やメソッドに渡
す値のことを**パラメータ**といいます。load_workbook関数に渡すブック名や、cellメソッドのrowや
columnの値もパラメータに該当します。ここまでのプログラムでは、プログラム内でパラメータを指
定していました。しかし、操作したいExcelのブックを変えるときや、取得したいセル番地を変えると
きなど、そのたびにプログラムを修正するのは少し面倒です。

ここではinput関数を使って、プログラムの実行に入ってから、ブック名やセル番地などのパラメー
タを指定してみましょう。

実践してみよう

input関数を使ってプログラムの実行に入ってから、Excelのブック名やセル番地を指定し、P.77で
使用したブック「部署人数.xlsx」を読み込んでセルの値を表示してみましょう。

構文の使用例

プログラム：3-1-4_1.py

```
01  import openpyxl
02
03  bookname = input("ブック名を入力=>")
04  row_num = int(input("行番号を入力=>"))
05  col_num = int(input("列番号を入力=>"))
06  wb = openpyxl.load_workbook(bookname)
```

```
07  ws = wb.active
08  print(ws.cell(row=row_num, column=col_num).value)
```

> **解説**
> 01 openpyxlライブラリをインポートする。
> 02
> 03 文字列「ブック名を入力=>」を表示し、入力値を変数booknameに代入する。
> 04 文字列「行番号を入力=>」を表示し、入力値を数値に変換した結果を変数row_numに代入する。
> 05 文字列「列番号を入力=>」を表示し、入力値を数値に変換した結果を変数col_numに代入する。
> 06 変数booknameの値というファイル名のブックを読み込み、変数wbに代入する。
> 07 変数wb（ブック）を開いて最初に表示されるシートを取得し、変数wsに代入する。
> 08 変数ws（シート）の「変数row_numの値」行目、「変数col_numの値」列目のセルの値を表示する。

> **実行結果**
> ```
> C:\Users\fuji_taro\Documents\FPT2413\03>python 3-1-4_1.py
> ブック名を入力=>部署人数.xlsx
> 行番号を入力=>4
> 列番号を入力=>2
> 8      ← 指定したブック名およびセル番地の値が表示される
>
> C:\Users\fuji_taro\Documents\FPT2413\03>
> ```

　ここでは、プログラムの実行に入ってから、ブック名「部署人数.xlsx」の4行目2列目（セルB4）を指定し、そのセル番地に対応する値「8」が表示されていることがわかります。

> ほかのセル番地も入力して、対応する値が表示されるか試してみよう。

● プログラムの実行時にパラメータを指定する

　Pythonの標準ライブラリである**sysライブラリ**の**sys.argv**を使用すると、プログラムの実行時に引数としてパラメータを指定できます。プログラム実行時に指定したパラメータは、argvというリストに格納されます。リストargvの要素番号を指定することで、プログラム実行時に指定された値を取り出すことができます。なお、**PEP8**というPythonのプログラムの推奨の書き方をまとめた文書では、インポートする際、標準ライブラリと外部ライブラリの間に1行空けることが推奨されています。

> **プログラム：3-1-4_2.py**
> ```
> 01  import sys
> 02
> 03  import openpyxl
> 04
> ```

```
05  bookname = sys.argv[1]
06  row_num = int(sys.argv[2])
07  col_num = int(sys.argv[3])
08  wb = openpyxl.load_workbook(bookname)
09  ws = wb.active
10  print(ws.cell(row=row_num, column=col_num).value)
```

解説

01 sysライブラリをインポートする。
02
03 openpyxlライブラリをインポートする。
04
05 リストargvに格納されている1番目（要素番号1）の値を、変数booknameに代入する。
06 リストargvに格納されている2番目（要素番号2）の値を数値に変換した結果を、変数row_numに代入する。
07 リストargvに格納されている3番目（要素番号3）の値を数値に変換した結果を、変数col_numに代入する。
08 変数booknameの値というファイル名のブックを読み込み、変数wbに代入する。
09 変数wb（ブック）を開いて最初に表示されるシートを取得し、変数wsに代入する。
10 変数ws（シート）の「変数row_numの値」行目、「変数col_numの値」列目のセルの値を表示する。

実行結果

```
C:\Users\fuji_taro\Documents\FPT2413\03>python 3-1-4_2.py 部署人数.xlsx 4 2
8
C:\Users\fuji_taro\Documents\FPT2413\03>
```

プログラムの実行時にまとめてパラメータを指定

　プログラムの実行時に指定したパラメータは、str型のリストargvとして受け取ります。
　コマンドプロンプトで「python 3-1-4_2.py 部署人数.xlsx 4 2」を実行すると、パラメータは「部署人数.xlsx」「4」「2」の3つの文字列です。これらは、リストargvの要素番号1、要素番号2、要素番号3にそれぞれ格納されます。パラメータとして指定する文字列と文字列の間には、半角スペースを入れます。なお、実行するプログラム名である「3-1-4_2.py」は要素番号0に格納されます。

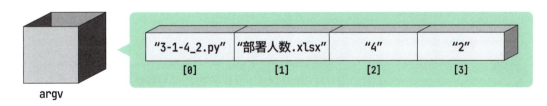

　リストargvに格納される値はすべて文字列なので注意が必要です。そのため6行目と7行目でint関数を使って文字列の値を数値に変換してから、変数row_numと変数col_numに代入しています。このように、プログラムの実行時にまとめてパラメータを指定できます。

3-2 行や列の操作

セル単位の操作の次は、行や列単位でExcelファイルを操作する方法を見ていきます。行や列の挿入や削除、そして非表示にする操作を実施してみましょう。

3-2-1 行や列の挿入

行や列の挿入には、Worksheetオブジェクトのメソッドを使用します。行を挿入する場合は **insert_rows**メソッド、列を挿入する場合は **insert_cols**メソッドを使用しましょう。

行や列の挿入

行や列の挿入には、Worksheetオブジェクトのinsert_rowsメソッドやinsert_colsメソッドを使用します。引数には、行番号および列番号で挿入する位置を指定します（指定した位置の直前に挿入されます）。また、キーワード引数のamountを指定することで、挿入する行や列の数も指定することができます（指定しなかった場合は1行または1列を挿入します）。

構文
シートの変数名.insert_rows(行の挿入位置 [, amount= 挿入する行の数])
シートの変数名.insert_cols(列の挿入位置 [, amount= 挿入する列の数])

例：変数ws（シート）の2行目に行を1行挿入する。
```
ws.insert_rows(2)
```

例：変数ws（シート）の3列目に列を2列挿入する。
```
ws.insert_cols(3, amount=2)
```

---

insert_rowsメソッドやinsert_colsメソッドでは、1行目やA列を1として、数値で指定した位置の直前に行や列が挿入されるよ。

実践してみよう

次のようなブック「名簿.xlsx」を読み込み、1行目に行を挿入して、「姓」「名」のような項目行（**ヘッダ**）を追加してみましょう。また、「姓」と「名」の列の間に2列挿入して間を空けるようにしましょう。結果は、新しくブック「名簿（挿入後）.xlsx」を作成して保存します。

Excelのブック：名簿.xlsx

	A	B	C	D	E	F	G	H
1	田中	太郎						
2	山田	花子						
3	佐藤	亮一						
4								

構文の使用例

プログラム：3-2-1.py

```
01  import openpyxl
02
03  wb = openpyxl.load_workbook("名簿.xlsx")
04  ws = wb.active
05  ws.insert_rows(1)
06  ws.cell(row=1, column=1, value="姓")
07  ws.cell(row=1, column=2, value="名")
08  ws.insert_cols(2, amount=2)
09  wb.save("名簿（挿入後）.xlsx")
```

解説

01 openpyxlライブラリをインポートする。

02

03 「名簿.xlsx」というファイル名のブックを読み込み、変数wbに代入する。

04 変数wb（ブック）を開いて最初に表示されるシートを取得し、変数wsに代入する。

05 変数ws（シート）の1行目に行を1行挿入する。

06 変数ws（シート）の1行目1列目のセルに、文字列「姓」を入力する。

07 変数ws（シート）の1行目2列目のセルに、文字列「名」を入力する。

08 変数ws（シート）の2列目に列を2列挿入する。

09 変数wb（ブック）を「名簿（挿入後）.xlsx」というファイル名で保存する。

実行結果

```
C:\Users\fuji_taro\Documents\FPT2413\03>python 3-2-1.py

C:\Users\fuji_taro\Documents\FPT2413\03>
```

実行すると、プログラムと同じフォルダに新しくExcelのブック「名簿（挿入後）.xlsx」が作成されます。1行目に行が挿入されて項目名（「姓」と「名」）が入力され、2列目には空白の列が2列挿入されていることを確認しましょう。

Excelのブック：名簿（挿入後）.xlsx

	A	B	C	D	E	F	G	H
1	姓			名				
2	田中			太郎				
3	山田			花子				
4	佐藤			亮一				
5								

 よく起きるエラー

挿入する列の位置を文字列で指定すると、エラーになります。

実行結果

```
C:\Users\fuji_taro\Documents\FPT2413\03>python 3-2-1_e1.py
Traceback (most recent call last):
  File "C:\Users\fuji_taro\Documents\FPT2413\03\3-2-1_e1.py", line 8, in <module>
    ws.insert_cols("B", amount=2)
    ~~~~~~~~~~~~~~^^^^^^^^^^^^^^^
  File "C:\Users\fuji_taro\AppData\Local\Programs\Python\Python313\Lib\site-packages
\openpyxl\worksheet\worksheet.py", line 729, in insert_cols
〜〜〜〜〜〜〜〜〜〜〜〜〜〜〜〜〜〜〜〜〜〜〜〜〜〜〜〜〜〜〜〜〜〜〜〜〜〜〜
\openpyxl\worksheet\worksheet.py", line 514, in _cells_by_col
    for column in range(min_col, max_col+1):
                        ~~~~~~~^^^^^^^^^^^
TypeError: 'str' object cannot be interpreted as an integer

C:\Users\fuji_taro\Documents\FPT2413\03>
```

- エラーの発生場所：8行目「ws.insert_cols("B", amount=2)」
- エラーの意味　　：文字列は、数値として扱うことができない。

プログラム：3-2-1_e1.py

```python
01  import openpyxl
02
03  wb = openpyxl.load_workbook("名簿.xlsx")
04  ws = wb.active
05  ws.insert_rows(1)
06  ws.cell(row=1, column=1, value="姓")
07  ws.cell(row=1, column=2, value="名")
08  ws.insert_cols("B", amount=2)    ← 列の挿入する位置を文字列で指定している
09  wb.save("名簿(挿入後).xlsx")
```

- 対処方法：挿入する列の位置は、数値で指定する。

3-2-2 行や列の削除

行や列の削除にも、行や列を挿入する場合と同様に、Worksheetオブジェクトのメソッドを使用します。行を削除する場合は**delete_rows**メソッド、列を削除する場合は**delete_cols**メソッドを使用しましょう。

行や列の削除

行や列の削除には、Worksheetオブジェクトのdelete_rowsメソッドやdelete_colsメソッドを使用します。引数には、行番号および列番号で削除する行や列の位置を指定します。また、キーワード引数のamountを指定することで、削除する行や列の数も指定することができます（指定しなかった場合は1行または1列を削除します）。

構文	シートの変数名.delete_rows(削除する行番号 [, amount= 削除する行の数]) シートの変数名.delete_cols(削除する列番号 [, amount= 削除する列の数])

例：変数ws（シート）の2行目の行を削除する。

```
ws.delete_rows(2)
```

例：変数ws（シート）の3列目の列から2列削除する。

```
ws.delete_cols(3, amount=2)
```

実践してみよう

P.83で使用したブック「名簿.xlsx」を読み込み、行や列を削除してみましょう。1～2行目を削除し、2列目を削除します。結果は、新しくブック「名簿（削除後）.xlsx」を作成して保存します。

Excel のブック：名簿 .xlsx

	A	B	C	D	E	F	G	H
1	田中	太郎						
2	山田	花子						
3	佐藤	亮一						
4								

構文の使用例

プログラム:3-2-2.py

```
01  import openpyxl
02
03  wb = openpyxl.load_workbook("名簿.xlsx")
04  ws = wb.active
05  ws.delete_rows(1, amount=2)
06  ws.delete_cols(2)
07  wb.save("名簿(削除後).xlsx")
```

解説

01 openpyxlライブラリをインポートする。
02
03 「名簿.xlsx」というファイル名のブックを読み込み、変数wbに代入する。
04 変数wb（ブック）を開いて最初に表示されるシートを取得し、変数wsに代入する。
05 変数ws（シート）の1行目の行から2行削除する。
06 変数ws（シート）の2列目の列を削除する。
07 変数wb（ブック）を「名簿(削除後).xlsx」というファイル名で保存する。

実行結果

```
C:\Users\fuji_taro\Documents\FPT2413\03>python 3-2-2.py

C:\Users\fuji_taro\Documents\FPT2413\03>
```

実行すると、プログラムと同じフォルダに新しくExcelのブック「名簿(削除後).xlsx」が作成されます。1～2行目と、2列目が削除されていることを確認しましょう。セルA1に文字列「佐藤」だけが残ります。

Excelのブック：名簿(削除後).xlsx

	A	B	C	D	E	F	G	H
1	佐藤							
2								
3								
4								

列を削除する場合は、削除する列を「列番号」で指定するよ。"A"や"B"というように「列名」では指定できないから注意してね。

3-2-3 行や列の非表示

行や列を非表示にするには、Worksheetオブジェクトが持つ**row_dimensions属性**または**column_dimensions属性**を使用します。

属性（attribute）とは、オブジェクトが持っている値のことで、クラスによって属性は異なります。属性は、プロパティと同じように、「シートの変数名.row_dimensions」のように「.」（ピリオド）でつないで指定します。「row_dimensions [行番号]」や「column_dimensions [列名]」のようにすると、row_dimensions属性やcolumn_dimensions属性を設定したい行番号や列名を指定できます。

行や列を非表示にするには、row_dimensions属性およびcolumn_dimensions属性がそれぞれ持つ、**hidden属性**をTrueに設定します。

行や列の非表示

行や列を非表示にするには、Worksheetオブジェクトのrow_dimensions属性およびcolumn_dimensions属性が持つhidden属性をTrueに設定します。なお、列を非表示にする場合は、列番号ではなく、列名（「"A"」や「"B"」など）で指定します。

構文	シートの変数名.row_dimensions[行番号].hidden = True シートの変数名.column_dimensions[列名].hidden = True

例：変数ws（シート）の2行目を非表示にする。

```
ws.row_dimensions[2].hidden = True
```

例：変数ws（シート）のC列を非表示にする。

```
ws.column_dimensions["C"].hidden = True
```

実践してみよう

P.83で使用したブック「名簿.xlsx」を読み込み、行や列を非表示にしてみましょう。2行目とB列を非表示にします。結果は、新しくブック「名簿（非表示後）.xlsx」を作成して保存します。

Excelのブック：名簿.xlsx

	A	B	C	D	E	F	G	H
1	田中	太郎						
2	山田	花子						
3	佐藤	亮一						
4								

構文の使用例

プログラム：3-2-3.py

```
01 import openpyxl
02
03 wb = openpyxl.load_workbook("名簿.xlsx")
04 ws = wb.active
05 ws.row_dimensions[2].hidden = True
06 ws.column_dimensions["B"].hidden = True
07 wb.save("名簿(非表示後).xlsx")
```

解説

01 openpyxlライブラリをインポートする。
02
03 「名簿.xlsx」というファイル名のブックを読み込み、変数wbに代入する。
04 変数wb（ブック）を開いて最初に表示されるシートを取得し、変数wsに代入する。
05 変数ws（シート）の2行目を非表示にする。
06 変数ws（シート）のB列を非表示にする。
07 変数wb（ブック）を「名簿(非表示後).xlsx」というファイル名で保存する。

実行結果

```
C:\Users\fuji_taro\Documents\FPT2413\03>python 3-2-3.py

C:\Users\fuji_taro\Documents\FPT2413\03>
```

実行すると、プログラムと同じフォルダに新しくExcelのブック「名簿（非表示後）.xlsx」が作成されます。2行目とB列が非表示になっていることを確認しましょう。

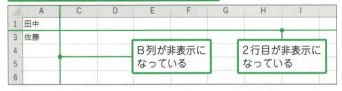

列の挿入や削除では列番号で指定していたけど、列を非表示にする場合は列番号で指定するとエラーになるよ。列を非表示にする場合は、列名（「"A"」や「"B"」など）で指定しよう。

3-3 シートの操作

Excelのブックは、1つ以上のシートで構成されています。ここでは、シートの追加や削除、移動、シート名の変更など、基本的なシートの操作について説明していきます。

3-3-1 シートの追加

シートの追加には、Workbookオブジェクトの**create_sheet**メソッドを使用します。キーワード引数のtitleには、追加するシート名を指定します。

シートの追加

シートを追加するには、Workbookオブジェクトのcreate_sheetメソッドを使用します。また、キーワード引数のtitleで追加するシートの名前を、キーワード引数のindexでシートを追加する位置を指定できます（指定した位置の直後に挿入されます）。titleを指定しなかった場合は「Sheet1」「Sheet2」のようにシート名が作成され、indexを指定しなかった場合はシートを最後に追加します。なお、indexに0を指定すると、シートを先頭に追加します。

| 構文 | ブックの変数名.create_sheet([title= シート名 , index= シートの追加位置]) |

例：変数wb（ブック）の最後にシート「売上」を追加する。
```
wb.create_sheet(title="売上")
```

例：変数wb（ブック）の2番目のシートのあとにシート「利益」を追加する。
```
wb.create_sheet(title="利益", index=2)
```

シートの追加位置を指定した場合、indexで指定したシートのあとに、新しいシートが追加されるよ。indexで指定したシートの前じゃないから注意してね。

実践してみよう

「売上_1月」「売上_2月」「売上_3月」の3つのシートを持つブック「売上.xlsx」を読み込み、シート「売上_4月」「利益_1月」の2つを追加してみましょう。シート「売上_4月」は最後の位置になるように、シート「利益_1月」は2番目の位置になるように追加します。結果は、新しくブック「売上（追加後）.xlsx」を作成して保存します。

Excel のブック：売上.xlsx

	A	B	C	D	E	F	G	H
1	品名	売上金額						
2	鉛筆	10209						
3	消しゴム	7125						
4	ノート	3038						

17

< > 　売上_1月　 売上_2月 売上_3月 ＋

構文の使用例

プログラム：3-3-1.py

```
01  import openpyxl
02
03  wb = openpyxl.load_workbook("売上.xlsx")
04  wb.create_sheet(title="売上_4月")
05  wb.create_sheet(title="利益_1月", index=1)
06  wb.save("売上(追加後).xlsx")
```

解説

```
01  openpyxlライブラリをインポートする。
02
03  「売上.xlsx」というファイル名のブックを読み込み、変数wbに代入する。
04  変数wb（ブック）の最後にシート「売上_4月」を追加する。
05  変数wb（ブック）の1番目のシートのあとにシート「利益_1月」を追加する。
06  変数wb（ブック）を「売上(追加後).xlsx」というファイル名で保存する。
```

実行結果

```
C:\Users\fuji_taro\Documents\FPT2413\03>python 3-3-1.py

C:\Users\fuji_taro\Documents\FPT2413\03>
```

実行すると、プログラムと同じフォルダに新しくExcelのブック「売上（追加後）.xlsx」が作成されます。最後にシート「売上_4月」が追加され、1番目のシート「売上_1月」のあとにシート「利益_1月」が追加されたことを確認しましょう。

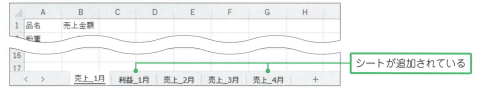

よく起きるエラー

キーワード引数indexでシートの追加位置を誤って指定すると、意図しない結果になります。

実行結果
```
C:\Users\fuji_taro\Documents\FPT2413\03>python 3-3-1_e1.py

C:\Users\fuji_taro\Documents\FPT2413\03>
```

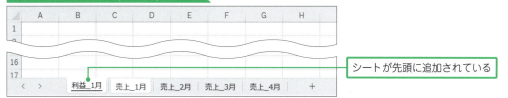

- **エラーの発生場所**：5行目「wb.create_sheet(title="利益_1月", index=0)」
- **エラーの意味**　　：追加位置の指定が間違っている（シートが先頭に追加されている）。

プログラム：3-3-1_e1.py
```
01  import openpyxl
02
03  wb = openpyxl.load_workbook("売上.xlsx")
04  wb.create_sheet(title="売上_4月")
05  wb.create_sheet(title="利益_1月", index=0)  ── 誤ってindexに「0」を指定している
06  wb.save("売上(追加後).xlsx")
```

- **対処方法**：1番目のシートのあとにシートを追加したい場合は、「wb.create_sheet(title="利益_1月", index=1)」のように指定する。

> 逆に、シートを先頭に追加したい場合は、indexに「0」を指定するということを覚えておこう。

3-3-2 シートの移動

シートの移動には、Workbookオブジェクトの**move_sheet**メソッドを使用します。引数で最初に移動するシート名またはシートの変数名（Worksheetクラスのオブジェクトを持った変数）を指定し、続けてキーワード引数offsetで移動する数を指定します。キーワード引数offsetに正の数を指定すると後ろに移動し、負の数を指定すると前に移動します。

シートの移動

シートを移動するには、Workbookオブジェクトのmove_sheetメソッドを使用し、引数で移動するシート名またはシートの変数名（Worksheetクラスのオブジェクトの変数）を指定します。キーワード引数offsetには移動する数を指定し、正の数を指定すると後ろに移動し、負の数を指定すると前に移動します。

構文 ブックの変数名.move_sheet(シート名またはシートの変数名 , offset= 移動する数)

例：変数wb（ブック）のシート「売上」を1つ後ろに移動する。
```
wb.move_sheet("売上", offset=1)
```

例：変数wb（ブック）の変数ws（シート）を2つ前に移動する。
```
wb.move_sheet(ws, offset=-2)
```

---

move_sheetメソッドの引数には、シート名だけでなく、シートの変数も指定できます。例えば、「ws = wb["売上_1月"]」のように特定のシートを代入した変数ws（シート）を、「wb.move_sheet(ws, offset=2)」のように指定します。

> 移動したいシートは、シート名を直接文字列で指定する方法と、Worksheetオブジェクトを持った変数名を指定する方法があるよ。どっちを使ってもいいよ。

実践してみよう

P.90で使用したブック「売上.xlsx」を読み込み、シート「売上_1月」とシート「売上_3月」を移動してみましょう。シート「売上_1月」は最後の位置になるように移動し、シート「売上_3月」は先頭の位置になるように移動します。結果は、新しくブック「売上（移動後）.xlsx」を作成して保存します。

Excel のブック：売上.xlsx

	A	B	C	D	E	F	G	H
1	品名	売上金額						
2	鉛筆	10209						
	消しゴム							
16								
17								

`< >  売上_1月  売上_2月  売上_3月  +`

構文の使用例

プログラム：3-3-2_1.py

```
01 import openpyxl
02
03 wb = openpyxl.load_workbook("売上.xlsx")
04 wb.move_sheet("売上_1月", offset=2)
05 wb.move_sheet("売上_3月", offset=-1)
06 wb.save("売上(移動後).xlsx")
```

解説

01 openpyxlライブラリをインポートする。
02
03 「売上.xlsx」というファイル名のブックを読み込み、変数wbに代入する。
04 変数wb（ブック）のシート「売上_1月」を2つ後ろに移動する。
05 変数wb（ブック）のシート「売上_3月」を1つ前に移動する。
06 変数wb（ブック）を「売上(移動後).xlsx」というファイル名で保存する。

実行結果

```
C:\Users\fuji_taro\Documents\FPT2413\03>python 3-3-2_1.py

C:\Users\fuji_taro\Documents\FPT2413\03>
```

実行すると、プログラムと同じフォルダに新しくExcelのブック「売上(移動後).xlsx」が作成されます。シート「売上_1月」が2つ後ろに移動し、そのあとにシート「売上_3月」が1つ前に移動したことを確認しましょう。結果として、シートは「売上_3月」「売上_2月」「売上_1月」の順になります。

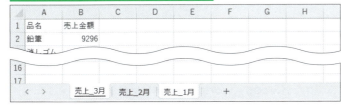

> 移動するシート名に、存在しないシート名を指定すると、エラーになるから注意してね。

シートをブックの末尾や先頭に移動する

　move_sheetメソッドでは、移動できる数よりも大きな数をキーワード引数offsetに指定した場合でもエラーになりません。そのため、ブックが持つシートの数だけ後ろに移動させれば、必ず末尾に移動させることができます。

　Workbookオブジェクトの**sheetnamesプロパティ**は、そのブックが持つシート名をリストで取得できます。よって、sheetnamesプロパティで取得したリストの要素数をlen関数で求めると、シートの数がわかります。その数をmove_sheetメソッドのキーワード引数offsetに「offset=len(wb.sheetnames)」と指定することで、ブックの末尾にシートを移動できます。また、シートの先頭に移動するには「offset=-len(wb.sheetnames)」のように負の数で指定します。

プログラム：3-3-2_2.py
```
01  import openpyxl
02
03  wb = openpyxl.load_workbook("売上.xlsx")
04  wb.move_sheet("売上_1月", offset=len(wb.sheetnames))    ← シートを末尾に移動する
05  wb.move_sheet("売上_3月", offset=-len(wb.sheetnames))   ← シートを先頭に移動する
06  wb.save("売上(移動後_2).xlsx")
```

実行結果
```
C:\Users\fuji_taro\Documents\FPT2413\03>python 3-3-2_2.py

C:\Users\fuji_taro\Documents\FPT2413\03>
```

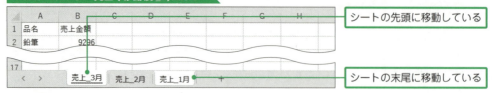

Excelのブック：売上(移動後_2).xlsx
シートの先頭に移動している
シートの末尾に移動している

3-3-3 シートのコピー

　シートのコピーには、Workbookオブジェクトの**copy_worksheetメソッド**を使用し、引数にシートの変数名（Worksheetクラスのオブジェクトを持った変数）を指定します。

シートのコピー

シートをコピーするには、Workbookオブジェクトのcopy_worksheetメソッドを使用し、引数でシートの変数名（Worksheetクラスのオブジェクトの変数）を指定します。なお、コピーするシートは、ブックの最後に追加されます（コピー位置は指定できません）。

構文 ブックの変数名.copy_worksheet(シートの変数名)

例：変数wb（ブック）の変数ws（シート）をコピーする。
```
wb.copy_worksheet(ws)
```

実践してみよう

P.90で使用したブック「売上.xlsx」を読み込み、シート「売上_3月」をコピーしてみましょう。結果は、新しくブック「売上（コピー後）.xlsx」を作成して保存します。

Excelのブック：売上.xlsx

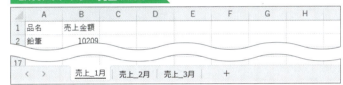

構文の使用例

プログラム：3-3-3.py

```
01  import openpyxl
02
03  wb = openpyxl.load_workbook("売上.xlsx")
04  ws = wb["売上_3月"]
05  wb.copy_worksheet(ws)
06  wb.save("売上(コピー後).xlsx")
```

解説

01 openpyxlライブラリをインポートする。
02
03 「売上.xlsx」というファイル名のブックを読み込み、変数wbに代入する。
04 変数wb（ブック）のシート「売上_3月」を変数wsに代入する。
05 変数wb（ブック）の変数ws（シート）をコピーする。
06 変数wb（ブック）を「売上(コピー後).xlsx」というファイル名で保存する。

実行結果

```
C:\Users\fuji_taro\Documents\FPT2413\03>python 3-3-3.py
C:\Users\fuji_taro\Documents\FPT2413\03>
```

　実行すると、プログラムと同じフォルダに新しくExcelのブック「売上（コピー後）.xlsx」が作成されます。シート「売上_3月」がコピーされ、新たにシート「売上_3月 Copy」が作成されていることを確認しましょう。コピーしたシート名は、コピー元のシート名に文字列「 Copy」を連結した値になります。

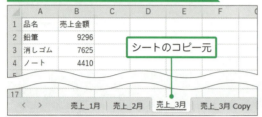
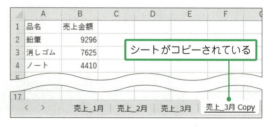

> コピーするシートの変数名を指定してね。もし、コピーするシート名を直接指定したら、エラーになるから注意が必要だよ。

3-3-4 シート名の変更

　シート名の変更には、Worksheetオブジェクトの**titleプロパティ**を使用します。titleプロパティには文字列を代入することができ、代入した値がシート名になります。

シート名の変更

シート名を変更するには、Worksheetオブジェクトのtitleプロパティに文字列を代入します。

構文　シートの変数名.title = シート名

例：変数ws（シート）のシート名を「売上」に設定する。

```
ws.title = "売上"
```

実践してみよう

P.96のようにブック「売上.xlsx」のシート「売上_3月」をコピーし、そのコピーしたシート名を「売上_3月（コピー）」に変更してみましょう。結果は、新しくブック「売上（名前変更後）.xlsx」を作成して保存します。

Excel のブック：売上 .xlsx

	A	B	C	D	E	F	G	H
1	品名	売上金額						
2	鉛筆	10209						
3	消しゴム	7125						
4	ノート	3038						
17								

`< >` 　売上_1月 　売上_2月 　売上_3月 　＋

構文の使用例

プログラム：3-3-4.py

```python
01  import openpyxl
02
03  wb = openpyxl.load_workbook("売上.xlsx")
04  ws_origin = wb["売上_3月"]
05  ws_copied = wb.copy_worksheet(ws_origin)
06  ws_copied.title = "売上_3月(コピー)"
07  wb.save("売上(名前変更後).xlsx")
```

解説

01　openpyxlライブラリをインポートする。

02

03　「売上.xlsx」というファイル名のブックを読み込み、変数wbに代入する。

04　変数wb（ブック）のシート「売上_3月」を変数ws_originに代入する。

05　変数wb（ブック）の変数ws_origin（シート）をコピーし、変数ws_copiedに代入する。

06　変数ws_copied（シート）のシート名を「売上_3月(コピー)」に設定する。

07　変数wb（ブック）を「売上(名前変更後).xlsx」というファイル名で保存する。

実行結果

```
C:\Users\fuji_taro\Documents\FPT2413\03>python 3-3-4.py

C:\Users\fuji_taro\Documents\FPT2413\03>
```

実行すると、プログラムと同じフォルダに新しくExcelのブック「売上（名前変更後）.xlsx」が作成されます。シート「売上_3月」をコピーしたシート名が、「売上_3月 Copy」から「売上_3月（コピー）」に変更されていることを確認しましょう。

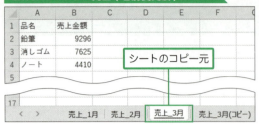

「wb.copy_worksheet (ws_origin)」の戻り値は、コピーしたシートになります。戻り値を変数に代入してtitleプロパティで設定すると、コピーとシート名の変更が同時にできます。

 よく起きるエラー ・・・

titleプロパティの「title」のキーワードを正しく指定しないと、エラーになります。

実行結果
```
C:\Users\fuji_taro\Documents\FPT2413\03>python 3-3-4_e1.py

C:\Users\fuji_taro\Documents\FPT2413\03>
```

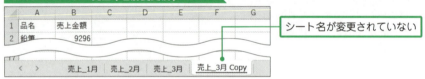

- エラーの発生場所：6行目「ws_copied.titlee = "売上_3月(コピー)"」
- エラーの意味　　：titleの指定が間違っている。

プログラム：3-3-4_e1.py
```
　 　
05  ws_copied = wb.copy_worksheet(ws_origin)
06  ws_copied.titlee = "売上_3月(コピー)"          ←「title」になっていない
07  wb.save("売上(名前変更後).xlsx")
```

- 対処方法：6行目の「titlee」を「title」に修正する。

3-3-5 シートの削除

シートの削除は、Workbookオブジェクトの**remove**メソッドを使用し、引数にシートの変数名（Worksheetクラスのオブジェクトを持った変数）を指定します。

シートの削除

シートを削除するには、Workbookオブジェクトのremoveメソッドを使用し、引数でシートの変数名（Worksheetクラスのオブジェクトの変数）を指定します。

構文 **ブックの変数名.remove(シートの変数名)**

例： 変数wb（ブック）の変数ws（シート）を削除する。

```
wb.remove(ws)
```

実践してみよう

P.90で使用したブック「売上.xlsx」を読み込み、シート「売上_3月」を削除してみましょう。結果は、新しくブック「売上（削除後）.xlsx」を作成して保存します。

Excelのブック：売上.xlsx

	A	B	C	D	E	F	G	H
1	品名	売上金額						
2	鉛筆	10209						
17								

〈　〉　　　売上_1月　売上_2月　売上_3月　　＋

構文の使用例

プログラム：3-3-5.py

```
01 import openpyxl
02
03 wb = openpyxl.load_workbook("売上.xlsx")
04 ws = wb["売上_3月"]
05 wb.remove(ws)
06 wb.save("売上(削除後).xlsx")
```

解説

01 openpyxlライブラリをインポートする。

02

03 「売上.xlsx」というファイル名のブックを読み込み、変数wbに代入する。

04 変数wb（ブック）のシート「売上_3月」を変数wsに代入する。

05 変数wb（ブック）の変数ws（シート）を削除する。

06 変数wb（ブック）を「売上（削除後）.xlsx」というファイル名で保存する。

実行結果

```
C:\Users\fuji_taro\Documents\FPT2413\03>python 3-3-5.py
C:\Users\fuji_taro\Documents\FPT2413\03>
```

実行すると、プログラムと同じフォルダに新しくExcelのブック「売上(削除後).xlsx」が作成されます。シート「売上_3月」が削除されていることを確認しましょう。

3-3-6 複数のシートの扱い(一括設定)

複数のシートを一括で操作するには、Workbookオブジェクトの**worksheetsプロパティ**を使用します。

すべてのシートを取得する

Workbookオブジェクトのworksheetsプロパティで、ブックが持っているすべてのシートをリストで取得できます。

構文 ブックの変数名.worksheets

例：変数wb(ブック)のすべてのシートを、変数sheet_listに代入する。

sheet_list = wb.worksheets

実践してみよう

P.90で使用したブック「売上.xlsx」を読み込んで、すべてのシートを取得し、それぞれのシート名を変更してみましょう。変更するそれぞれのシート名は、現在のシート名に加えて、最後に文字列「度」を追加します。結果は、新しくブック「売上(名前一括変更後).xlsx」を作成して保存します。

Excel のブック：売上 .xlsx

	A	B	C	D	E	F	G	H
1	品名	売上金額						
2	鉛筆	10209						
3	消しゴム							
...								
17								

< > 売上_1月 売上_2月 売上_3月 +

構文の使用例

プログラム：3-3-6.py

```python
01  import openpyxl
02
03  wb = openpyxl.load_workbook("売上.xlsx")
04  for ws in wb.worksheets:
05      ws.title += "度"
06  wb.save("売上(名前一括変更後).xlsx")
```

解説

01　openpyxlライブラリをインポートする。
02
03　「売上.xlsx」というファイル名のブックを読み込み、変数wbに代入する。
04　変数wb（ブック）のすべてのシートから要素を1つずつ変数wsに代入する間繰り返す。
05　　変数ws（シート）のシート名に文字列「度」を連結する。
06　変数wb（ブック）を「売上(名前一括変更後).xlsx」というファイル名で保存する。

実行結果

```
C:\Users\fuji_taro\Documents\FPT2413\03>python 3-3-6.py

C:\Users\fuji_taro\Documents\FPT2413\03>
```

実行すると、プログラムと同じフォルダに新しくExcelのブック「売上(名前一括変更後).xlsx」が作成されます。すべてのシートのシート名の最後に、「度」が追加されていることを確認しましょう。

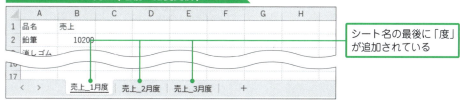

シート名の最後に「度」が追加されている

3-4 ブックの操作

ここまでは1つのブックに対して操作を行ってきましたが、実際の業務では複数のブックを同時に操作することがあります。ここでは複数のブックをまたいだ操作について説明します。

3-4-1 別のブックにデータ転記

複数のブックを扱う場合、P.70で説明したload_workbook関数を使用し、読み込んだブックをそれぞれ別の変数に代入して扱います。例えば、ブックAのデータをブックBに転記したい場合、ブックAの変数からCellクラスのオブジェクトが持つvalueプロパティでセルの値を取得し、ブックBの変数からcellメソッドでセルに値を設定します。

実践してみよう

ブック「売上.xlsx」から「鉛筆」の売上金額のデータを読み込み、別のブック「利益.xlsx」にデータを転記し、利益を計算してみましょう。結果は、新しくブック「利益(転記後).xlsx」を作成して保存します。

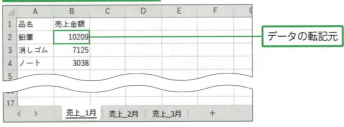

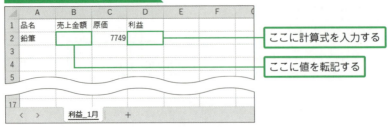

構文の使用例

プログラム：3-4-1.py

```python
01  import openpyxl
02
03  wb_a = openpyxl.load_workbook("売上.xlsx")
04  ws_a = wb_a.active
05  wb_b = openpyxl.load_workbook("利益.xlsx")
06  ws_b = wb_b.active
07  input_value = ws_a.cell(row=2, column=2).value
08  ws_b.cell(row=2, column=2, value=input_value)
09  ws_b.cell(row=2, column=4, value="=B2-C2")
10  wb_b.save("利益(転記後).xlsx")
```

解説

01　openpyxlライブラリをインポートする。

02

03　「売上.xlsx」というファイル名のブックを読み込み、変数wb_aに代入する。

04　変数wb_a（ブック）を開いて最初に表示されるシートを取得し、変数ws_aに代入する。

05　「利益.xlsx」というファイル名のブックを読み込み、変数wb_bに代入する。

06　変数wb_b（ブック）を開いて最初に表示されるシートを取得し、変数ws_bに代入する。

07　変数ws_a（シート）の2行目2列目のセルの値を、変数input_valueに代入する。

08　変数ws_b（シート）の2行目2列目のセルに、変数input_valueの値を入力する。

09　変数ws_b（シート）の2行目4列目のセルに、文字列「=B2-C2」を入力する。

10　変数wb_b（ブック）を「利益(転記後).xlsx」というファイル名で保存する。

実行結果

```
C:\Users\fuji_taro\Documents\FPT2413\03>python 3-4-1.py

C:\Users\fuji_taro\Documents\FPT2413\03>
```

　実行すると、プログラムと同じフォルダに新しくExcelのブック「利益（転記後）.xlsx」が作成されます。2行目2列目（セルB2）には、ブック「売上.xlsx」の2行目2列目（セルB2）から鉛筆の売上金額「10209」の値が転記され、2行目4列目（セルD2）には、売上金額「10209」から入力済みの原価「7749」を引いた結果として、利益「2460」が表示されていることを確認しましょう。また、合わせて、2行目4列目（セルD2）にカーソルがある状態で、数式が正しく入力されていることも確認しておきましょう。

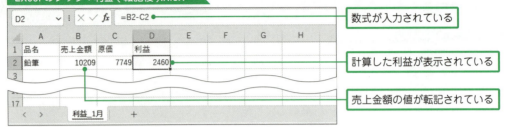

3-4-2 複数ブックのデータを1つにまとめる

　複数のブックのデータを読み込み、さらに別のブックにデータを転記したい場合も、同じようにload_workbook関数を使用し、読み込んだブックをそれぞれ別の変数に代入して扱います。

　ここでは、Pythonのプログラムと同じフォルダにあるExcelのブックの中から、条件に当てはまるブックをすべて取得し、それぞれからデータを読み込んで1つのブックにまとめてみましょう。

　同じフォルダにあるExcelのブックを取得するには、Pythonの標準ライブラリである**pathlibライブラリ**を使用します。pathlibライブラリの**Pathクラス**のオブジェクトを、フォルダパスを指定して作成し、Pathオブジェクトの**globメソッド**をfor文とともに使用することで、条件に当てはまるファイル（ここではExcelのブック）を1つずつ取得することができます。

同じフォルダのファイルを取得する

フォルダを指定してpathlibライブラリのPathクラスのオブジェクトを作成したあと、globメソッドをfor文とともに使うことで、検索したファイルに対して1つずつ処理を実行できます。

構文
```
フォルダパスの変数名 = pathlib.Path( フォルダパス )
for 変数 in フォルダパスの変数名.glob( 取得するファイルの条件 )
    繰り返す処理
```

例：現在の作業フォルダの情報を取得し、変数pathに代入する。変数pathのフォルダにある「.xlsx」で終わるファイルをすべて取得して、ファイル名を1つずつ表示する。

```
import pathlib

path = pathlib.Path(".")
for name in path.glob("*.xlsx")
    print(name)
```

Pathオブジェクト作成時に指定している「.」は、現在の作業フォルダの場所（パス）を表しています。
フォルダの階層の区切りは、「/」または「￥」（Windowsの場合のみ）と記述します。例えば、現在の作業フォルダに存在するフォルダ「2025年6月」を指定する場合は、「.￥2025年6月」または「2025年6月」と記述します。

ワイルドカード

globメソッドでファイルの検索条件は、次のような**ワイルドカード**という記法を使用できます。

ワイルドカードの例

種類	意味
?	任意の1文字
*	0文字以上の任意の文字列
[abc]	[]の中で指定した中のいずれかの文字

例えば、「*.xlsx」は「0文字以上の任意の文字列」と文字列「.xlsx」の組み合わせで、「.xlsxで終わる文字列」、つまり拡張子が「xlsx」のファイルを検索しています。また、「売上_*.xlsx」は、「売上_」で始まり、「.xlsx」で終わるファイル名に当てはまるファイルを検索しています。

> 検索した結果は、リストのような形式で取得するよ。複数のファイルを名前順に読み込みたい場合は、sorted関数を使って「sorted(path.glob(検索する文字列))」のようにしてファイル名を検索しよう。

実践してみよう

条件に当てはまるExcelのブックをすべて取得し、「鉛筆」の売上金額のデータを読み込んで別のブック「売上_まとめ用.xlsx」に転記してみましょう。結果は、新しくブック「売上_まとめ用（完）.xlsx」を作成して保存します。なお、条件には「売上_?月.xlsx」と指定して、ブック「売上_1月.xlsx」「売上_2月.xlsx」「売上_3月.xlsx」を取得するようにします。

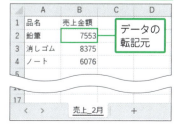
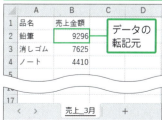

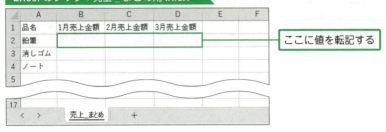

構文の使用例

プログラム：3-4-2_1.py

```
01  import pathlib
02
03  import openpyxl
04
05  wb_a = openpyxl.load_workbook("売上_まとめ用.xlsx")
06  ws_a = wb_a.active
07  path = pathlib.Path(".")
08  col_num = 2
09  for name in sorted(path.glob("売上_?月.xlsx")):
10      wb_b = openpyxl.load_workbook(name)
11      ws_b = wb_b.active
12      input_value = ws_b.cell(row=2, column=2).value
13      ws_a.cell(row=2, column=col_num, value=input_value)
14      col_num += 1
15  wb_a.save("売上_まとめ用(完了).xlsx")
```

解説

01 pathlibライブラリをインポートする。

02

03 openpyxlライブラリをインポートする。

04

05 「売上_まとめ用.xlsx」というファイル名のブックを読み込み、変数wb_aに代入する。

06 変数wb_a（ブック）を開いて最初に表示されるシートを取得し、変数ws_aに代入する。

07 現在の作業フォルダの情報を取得し、変数pathに代入する。

08 変数col_numに数値「2」を代入する。

09 変数pathのフォルダにある「売上_?月.xlsx」に当てはまるファイルを検索して順番に並べたものから、要素を1つずつ変数nameに代入する間繰り返す。

10 　　変数nameの値というファイル名のブックを読み込み、変数wb_bに代入する。

11 　　変数wb_b（ブック）を開いて最初に表示されるシートを取得し、変数ws_bに代入する。

12	変数ws_b（シート）の2行目2列目のセルの値を、変数input_valueに代入する。
13	変数ws_a（シート）の2行目、「変数col_numの値」列目のセルに、変数input_valueの値を入力する。
14	変数col_numの値に数値「1」を足した結果を、変数col_numに代入する。
15	変数wb_a（ブック）を「売上_まとめ用(完了).xlsx」というファイル名で保存する。

実行結果

```
C:\Users\fuji_taro\Documents\FPT2413\03>python 3-4-2_1.py

C:\Users\fuji_taro\Documents\FPT2413\03>
```

　実行すると、プログラムと同じフォルダに新しくExcelのブック「売上_まとめ用(完了).xlsx」が作成されます。2行目2列目（セルB2）、2行目3列目（セルC2）、2行目4列目（セルD2）に、ブック「売上_1月.xlsx」「売上_2月.xlsx」「売上_3月.xlsx」から鉛筆の売上金額「10209」「7553」「9296」の値が転記されていることを確認しましょう。

Excelのブック：売上_まとめ用(完了).xlsx

	A	B	C	D	E
1	品名	1月売上金額	2月売上金額	3月売上金額	
2	鉛筆	10209	7553	9296	
3	消しゴム				
4	ノート				
5					

→ 売上金額の値がそれぞれ転記されている

 よく起きるエラー

　検索条件に当てはまるファイルが存在しない場合は、データを読み込むことができません。

実行結果

```
C:\Users\fuji_taro\Documents\FPT2413\03>python 3-4-2_1_e1.py

C:\Users\fuji_taro\Documents\FPT2413\03>
```

Excelのブック：売上_まとめ用(完了).xlsx

	A	B	C	D	E	F
1	品名	1月売上金額	2月売上金額	3月売上金額		
2	鉛筆					
3	消しゴム					
4	ノート					
5						

→ 売上金額の値がそれぞれ転記されていない

- **エラーの発生場所**：9行目「for name in sorted(path.glob("売上_?月.xls")):」
- **エラーの意味**　　：検索条件に該当するファイルが存在しない

```
プログラム：3-4-2_1_e1.py
  ┆      ┆
08  col_num = 2
09  for name in sorted(path.glob("売上_?月.xls")): ←── 検索条件の拡張子が「xls」になっている
10      wb_b = openpyxl.load_workbook(name)
  ┆      ┆
```

● **対処方法**：「"売上_?.xlsx"」のように、ファイル名に該当する検索条件を指定する。

● セルの範囲を指定してデータを読み込む

シートのデータをすべてを読み込む場合は、P.73のようにWorksheetクラスのオブジェクトが持つ values プロパティを使用して、二重の繰り返し処理でセルの値を1つずつ取り出します。セルの範囲を 指定してデータを読み込む場合は、例えば、「シート ["A1:D4"]」のように指定し、同様に二重の繰り返 し処理でセルの値を取り出します。次のプログラムでは、セルの範囲をB2～B4で指定しています。

```
プログラム：3-4-2_2.py
01  import pathlib
02
03  import openpyxl
04
05  wb_a = openpyxl.load_workbook("売上_まとめ用.xlsx")
06  ws_a = wb_a.active
07  path = pathlib.Path(".")
08  col_num = 2
09  for name in sorted(path.glob("売上_?月.xlsx")):
10      wb_b = openpyxl.load_workbook(name)
11      ws_b = wb_b.active
12      values = ws_b["B2:B4"]
13      row_num = 2
14      for row in values:
15          for cell in row:
16              input_value = cell.value
17              ws_a.cell(row=row_num, column=col_num, value=input_value)
18              row_num += 1
19      col_num += 1
20  wb_a.save("売上_まとめ用(完了_2).xlsx")
```

解説	
01	pathlibライブラリをインポートする。
02	
03	openpyxlライブラリをインポートする。

04	
05	「売上_まとめ用.xlsx」というファイル名のブックを読み込み、変数wb_aに代入する。
06	変数wb_a（ブック）を開いて最初に表示されるシートを取得し、変数ws_aに代入する。
07	現在の作業フォルダの情報を取得し、変数pathに代入する。
08	変数col_numに数値「2」を代入する。
09	変数pathのフォルダにある「売上_?月.xlsx」に当てはまるファイルを検索して順番に並べたものから、要素を1つずつ変数nameに代入する間繰り返す。
10	変数nameの値というファイル名のブックを読み込み、変数wb_bに代入する。
11	変数wb_b（ブック）を開いて最初に表示されるシートを取得し、変数ws_bに代入する。
12	変数ws_b（シート）のセルB2～B4の範囲のセルを、変数valuesに代入する。
13	変数row_numに数値「2」を代入する。
14	変数valuesからデータを1行ずつ変数rowに代入する間繰り返す。
15	変数rowからデータを1セルずつ変数cellに代入する間繰り返す。
16	変数cell（セル）の値を、変数input_valueに代入する。
17	変数ws_a（シート）の「変数row_numの値」行目、「変数col_numの値」列目のセルに、変数input_valueの値を入力する。
18	変数row_numの値に数値「1」を足した結果を、変数row_numに代入する。
19	変数col_numの値に数値「1」を足した結果を、変数col_numに代入する。
20	変数wb_a（ブック）を「売上_まとめ用(完了_2).xlsx」というファイル名で保存する。

実行結果

```
C:\Users\fuji_taro\Documents\FPT2413\03>python 3-4-2_2.py

C:\Users\fuji_taro\Documents\FPT2413\03>
```

　実行すると、プログラムと同じフォルダに新しくExcelのブック「売上_まとめ用（完了_2）.xlsx」が作成されます。セルB2～B4、セルC2～C4、セルD2～D4に、ブック「売上_1月.xlsx」「売上_2月.xlsx」「売上_3月.xlsx」から鉛筆、消しゴム、ノートの売上金額の値が転記されていることを確認しましょう。

　9行目の繰り返し処理でブック「売上_1月.xlsx」→「売上_2月.xlsx」→「売上_3月.xlsx」と、ブックを切り替えて繰り返し処理を3回行います。

　12行目で「B2～B4」の範囲のセルを変数valuesに代入しています。14行目の繰り返し処理で1行ずつ変数rowに代入していきますが、ここでは1行中にはセルB2しかありません。よって、15行目ではセルB2を変数cellに代入し、1回で繰り返し処理を終了します。

　14行目の2回目の繰り返し処理ではセルB3が、14行目の3回目の繰り返し処理ではセルB4が変数rowに代入されていきます。

Excelのブック：売上_まとめ用（完了_2）.xlsx

	A	B	C	D	E	F
1	品名	1月売上金額	2月売上金額	3月売上金額		
2	鉛筆	10209	7553	9296		
3	消しゴム	7125	8375	7625		
4	ノート	3038	6076	4410		
5						

売上金額の値がそれぞれ転記されている

3-4-3 ブックの保護

Excelのブックが意図せず変更されないように、パスワードを設定してブックを**保護**することができます。ブックを保護すると、シートの追加や削除、名前の変更ができなくなります。

ブックを保護するためには、Workbookオブジェクトの**security属性**を設定します。**WorkbookProtectionクラス**のオブジェクトが持つworkbookPasswordプロパティにパスワード、lockStructure属性にTrueを設定して作成し、Workbookオブジェクトのsecurity属性に代入することで、ブックを保護できます。

ブックを保護する

ブックを保護するには、Workbookオブジェクトのsecurity属性にWorkbookProtectionクラスのオブジェクトを設定します。WorkbookProtectionクラスのオブジェクトが持つworkbookPasswordプロパティにはパスワードを、lockStructure属性にはTrueを設定します。

構文	ブックの変数名.security = WorkbookProtection(workbookPassword=パスワード , lockStructure=True)

例：変数wb（ブック）に、パスワードを文字列「fuji」に設定して保護する。

```
wb.security = WorkbookProtection(workbookPassword="fuji", lockStructure=True)
```

なお、WorkbookProtectionクラスはインポートする際に「openpyxl.workbook.protection.WorkbookProtection」と記述することで呼び出せます。ただし、この記述ではソースコードが長くなってしまうので、インポートする際に**from**を使って次のように記述することで、モジュールの中の特定の要素のみをインポートできます。

```
from モジュール名 import 要素名
```

例えば、次のようにインポートすると、「WorkbookProtection」と記述するだけで（短いソースコードで）呼び出すことができるようになります。

```
from openpyxl.workbook.protection import WorkbookProtection
```

ほかにも、例えばload_workbook関数のみをインポートしたい場合は、「from openpyxl import load_workbook」のように記述すると、「load_workbook」と記述するだけで（短いソースコードで）呼び出すことができるようになります。

110

実践してみよう

　条件に当てはまるExcelのブックをすべて取得し、それぞれのブックを保護してみましょう。なお、保護したファイルは、ブック名の先頭に文字列「(保護済み)」を連結し、別ファイルとして保存します。また、条件には「売上_?月.xlsx」と指定して、ブック「売上_1月.xlsx」「売上_2月.xlsx」「売上_3月.xlsx」を取得するようにします。

構文の使用例

プログラム：3-4-3.py

```
01  import pathlib
02
03  from openpyxl import load_workbook
04  from openpyxl.workbook.protection import WorkbookProtection
05
06  path = pathlib.Path(".")
07  for name in sorted(path.glob("売上_?月.xlsx")):
08      wb = load_workbook(name)
09      wb.security = WorkbookProtection(workbookPassword="fuji7825", lockStructure=True)
10      wb.save("(保護済み)" + str(name))
```

解説

01　pathlibライブラリをインポートする。

02

03　openpyxlライブラリのload_workbook関数をインポートする。

04　openpyxl.workbook.protectionモジュールのWorkbookProtectionクラスをインポートする。

05

06　現在の作業フォルダの情報を取得し、変数pathに代入する。

07　変数pathのフォルダにある「売上_?月.xlsx」に当てはまるファイルを検索して順番に並べたものから、要素を1つずつ変数nameに代入する間繰り返す。

08　　変数nameの値というファイル名のブックを読み込み、変数wbに代入する。

09　　変数wb（ブック）に、パスワードを文字列「fuji7825」に設定して保護する。

10　　変数wb（ブック）を、文字列「(保護済み)」と、変数nameの値を文字列に変換した結果とで連結した値というファイル名で保存する。

実行結果

```
C:\Users\fuji_taro\Documents\FPT2413\03>python 3-4-3.py

C:\Users\fuji_taro\Documents\FPT2413\03>
```

実行すると、プログラムと同じフォルダに新しくExcelのブック「(保護済み)売上_1月.xlsx」「(保護済み)売上_2月.xlsx」「(保護済み)売上_3月.xlsx」が作成されます。それぞれのブックが保護されていることを確認しましょう。ブックが保護されている場合は、《ファイル》→《情報》で、《ブックの保護》が有効になっています。

ブックの保護を解除したい場合は、次のようにパスワードの入力が要求されます。次の例は、ブック「(保護済み)売上_1月.xlsx」の保護を解除する手順です。

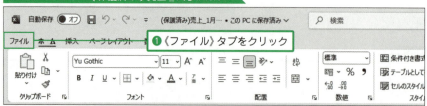
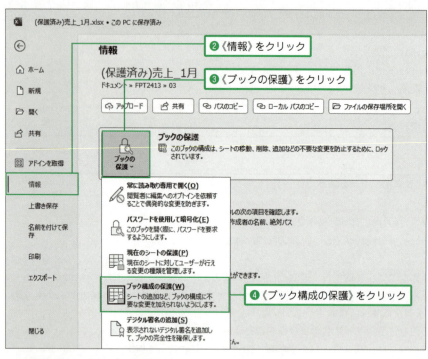
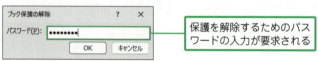

3-5 ファイルの処理

テキストファイルやCSVファイルを読み込んだり、書き込んだりしてみましょう。データ構造に合わせて処理を行わないとエラーになってしまうため、データ構造を意識しながらプログラムを作成しましょう。

3-5-1 ファイルの種類

データ構造の情報を持たない文章のみのテキストデータは**テキスト形式（テキストファイル）**と呼ばれ、拡張子「txt」のファイルに保存します。テキスト形式は人間が読みやすい形式ですが、記述ルールがないためプログラムでは扱いにくい形式です。

そのため、データ構造の情報を持ったテキストデータである**CSV形式（CSVファイル）**、**XML形式（XMLファイル）**、**JSON形式（JSONファイル）**といったものが、Pythonのプログラムではよく利用されます。

ここでは、テキスト形式（テキストファイル）とCSV形式（CSVファイル）を取り上げて解説します。

テキストファイル

テキストファイルは、データ構造の情報を持たない文章のみのテキストデータです。例えば、1～3行目に文章だけのデータがあるテキストファイルは、次のような形式になります。

```
佐藤健司
高橋康介
中村雄太
```

CSVファイル

CSV（Comma Separated Value）ファイルは、データ構造として「,」（カンマ）の情報を持ち、行内の値と値の間を「,」（カンマ）で区切ります。行は改行までの文字列が1つの固まりで、この固まりを**レコード**といいます。1行目はヘッダ行として項目の名称を記述し、実際のデータは2行目以降に記述します。例えば、ヘッダ行が「id」「name」「age」「organization」「class」で、実際のデータが2～4行目にあるCSVファイルは、次のような形式になります。

```
id,name,age,organization,class
1,富士太郎,28,FUJIT,Python入門
2,富士二郎,31,FUJIT,Java入門
3,富士三郎,23,FLM,Python入門
```

3-5-2 ファイルの読み込み

テキストファイルを読み込むときは、**with文**と**open関数**、**readメソッド**を使用します。open関数で開いたファイルは、with文のブロックを抜けると自動的に閉じられます。

テキストファイルの読み込み

with文とopen関数でファイルを開きます。open関数を呼び出すとき、第1引数にファイル名、第2引数にファイルの開き方を指定します。また、キーワード引数のencodingで文字コードを指定します。ファイルの内容をasのあとの変数に代入し、「:」を付けます。with文の中で、ファイルを読み込んだ変数からreadメソッドを呼び出し、内容を読み込みます。

構文
```
with open(" ファイル名 ", " モード ", encoding=" 文字コード ") as テキストファイルの変数名 :
    print( テキストファイルの変数名 .read())
```

例：ファイル「sample.txt」をモード「r」、文字コード「utf8」を指定してファイルを開き、変数fileに代入する。変数fileの内容を表示する。

```
with open("sample.txt", "r", encoding="utf8") as file:
    print(file.read())
```

open関数でファイルを開くときは、操作内容に合わせて**モード**を指定します。例に挙げた「r」は、読み取り専用でファイルを開くため、ファイルに書き込みはできません。

また、キーワード引数encodingでは、どの文字コードでファイルを開くかを指定します。「UTF-8」のファイルを開く場合は「encoding="utf8"」を指定します。なお、本書のサンプルに用意しているファイルの文字コードは「UTF-8」です。

open関数で開いたテキストファイル（テキストデータ）は、for文のデータ群として利用できます。テキストファイルの変数名をfor文のデータ群として利用すると、変数名にテキストファイルのデータが1行ずつ代入されます。代入される値は、文字列に変換された状態です。

```
for 変数名 in テキストファイルの変数名:
    繰り返したい処理
```

テキストファイルを1行ずつ代入すると、末尾に改行コードが含まれた状態になるんだ。文字列型のデータが持つメソッドである**strip**メソッドを使うと、文字列の末尾にある改行コードのような見えない文字を削除できるよ。

CSVファイルの読み込み

CSVファイルのデータを扱うには、**csvライブラリ**をインポートして利用します。csvライブラリを使ってCSVファイルを読み書きするには、事前にopen関数でファイルを開いておく必要があります。

例えば、open関数で開いたCSVファイルの変数名を**csv.reader関数**の引数に指定して呼び出すと、for文のデータ群として扱えるiterator型のデータ（P.55参照）が取得でき、CSVファイルのデータを1行ずつ処理できます。

```
import csv

with open("sample.csv", "r", encoding="utf8") as CSVファイルの変数名:
    for 変数名 in csv.reader(CSVファイルの変数名):
        繰り返したい処理
```

 実践してみよう

プログラムの実行前に、読み込むテキストファイル「member.txt」を準備しましょう。プログラムがあるフォルダと同じ場所に、次のテキストファイルを置いてください。テキストファイルの内容を新しくブックを作成して読み込み、ファイル名を「テキストファイルの読み込み.xlsx」にして保存しましょう。

テキストファイル：member.txt（文字コードは「UTF-8」）

```
01  佐藤健司
02  高橋康介
03  中村雄太
```

次のプログラムは、テキストファイル「member.txt」を1行ずつ読み込み、Excelのブック「テキストファイルの読み込み.xlsx」を作成して、セルに値を転記しています。

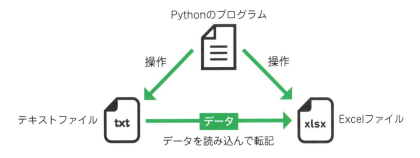

構文の使用例

プログラム：3-5-2_1.py

```
01  import openpyxl
02
```

```
03  wb = openpyxl.Workbook()
04  ws = wb.active
05  with open("member.txt", "r", encoding="utf8") as file:
06      row_num = 1
07      for name in file:
08          ws.cell(row=row_num, column=1, value=name.strip())
09          row_num += 1
10  wb.save("テキストファイルの読み込み.xlsx")
```

解説

01	openpyxlライブラリをインポートする。
02	
03	Workbookクラスのオブジェクト（ブック）を生成し、変数wbに代入する。
04	変数wb（ブック）を開いて最初に表示されるシートを取得し、変数wsに代入する。
05	ファイル「member.txt」をモード「r」、文字コード「utf8」を指定して開き、変数fileに代入する。
06	変数row_numに数値「1」を代入する。
07	変数fileから要素を1つ（1行）ずつ変数nameに代入する間繰り返す。
08	変数ws（シート）の「変数row_numの値」行目、1列目のセルに、変数nameの値から改行コードを削除した結果を入力する。
09	変数row_numの値に数値「1」を足した結果を、変数row_numに代入する。
10	変数wb（ブック）を「テキストファイルの読み込み.xlsx」というファイル名で保存する。

実行結果

```
C:\Users\fuji_taro\Documents\FPT2413\03>python 3-5-2_1.py

C:\Users\fuji_taro\Documents\FPT2413\03>
```

　実行すると、プログラムと同じフォルダに新しくExcelのブック「テキストファイルの読み込み.xlsx」が作成されます。テキストファイルの内容が、1行目1列目（セルA1）、2行目1列目（セルA2）、3行目1列目（セルA3）に転記されていることを確認しましょう。

Excelのブック：テキストファイルの読み込み.xlsx

	A	B	C	D	E	F	G	H	I
1	佐藤健司								
2	髙橋康介								
3	中村雄太								
4									

テキストファイルの内容が転記されている

🟢 CSVファイルを読み込んでExcelファイルにデータ転記する

　プログラムの実行前に、読み込むCSVファイル「students.csv」を準備しましょう。プログラムがあるフォルダと同じ場所に、次のCSVファイルを置いてください。CSVファイルの内容を新しくブックを作成して読み込み、ファイル名を「CSVファイルの読み込み.xlsx」にして保存しましょう。

CSVファイル：students.csv

```
01  id,name,age,organization,class
02  1,富士太郎,28,FUJIT,Python入門
03  2,富士二郎,31,FUJIT,Java入門
04  3,富士三郎,23,FLM,Python入門
05         ●──────最終レコードのあとに改行を入れているので空白行が入っている状態
```

次のプログラムは、CSVファイル「students.csv」を1行ずつ読み込み、Excelのブック「CSVファイルの読み込み.xlsx」を作成して、セルに値を転記しています。

プログラム：3-5-2_2.py

```
01  import csv
02
03  import openpyxl
04
05  wb = openpyxl.Workbook()
06  ws = wb.active
07  with open("students.csv", "r", encoding="utf8") as file:
08      for row in csv.reader(file):
09          ws.append(row)
10  wb.save("CSVファイルの読み込み.xlsx")
```

解説

```
01  csvライブラリをインポートする。
02
03  openpyxlライブラリをインポートする。
04
05  Workbookクラスのオブジェクト（ブック）を生成し、変数wbに代入する。
06  変数wb（ブック）を開いて最初に表示されるシートを取得し、変数wsに代入する。
07  ファイル「students.csv」をモード「r」、エンコード「utf8」を指定して開き、変数fileに代入する。
08      変数fileの値をiterator型に変換した結果の要素を、1行ずつ変数rowに代入する間繰り返す。
09          変数ws（シート）に、変数rowの値を追記する。
10  変数wb（ブック）を「CSVファイルの読み込み.xlsx」というファイル名で保存する。
```

実行結果

```
C:\Users\fuji_taro\Documents\FPT2413\03>python 3-5-2_2.py
C:\Users\fuji_taro\Documents\FPT2413\03>
```

　実行すると、プログラムと同じフォルダに新しくExcelのブック「CSVファイルの読み込み.xlsx」が作成されます。CSVファイルの内容が、セルA1～E4の範囲に転記されていることを確認しましょう。

　8～9行目では、Worksheetオブジェクトの**appendメソッド**を使って、読み込んだCSVファイルのデータ1行ずつを、セルの上から下への順で追加しています。ここでは、1行ずつ処理を進めて、セルA1、セルA2、セルA3、セルA4の順で転記しています。CSVファイルの1行分のデータには、リストの値として文字列が5つ「,」（カンマ）で区切られて入っているので、右方向に5つのセルに対して転記されます。なお、CSVファイルの内容をExcelのセルに転記すると、数値は文字列として転記されます。

Excel のブック：CSV ファイルの読み込み .xlsx

	A	B	C	D	E	F	G	H
1	id	name	age	organization	class			
2	1	富士太郎	28	FUJIT	Python入門			
3	2	富士二郎	31	FUJIT	Java入門			
4	3	富士三郎	23	FLM	Python入門			
5								
6								

→ CSVファイルの内容が転記されている

※ D 列と E 列の列幅は、Excel のブックを作成後に広げています。

 よく起きるエラー

　open関数で得た値をそのままfor文で指定すると、エラーになります。open関数でモードに「r」を指定して開いたCSVファイルは、io.TextIOWrapperクラスのオブジェクトとして格納されます。開いたCSVファイルの内容を取得するには、io.TextIOWrapperオブジェクトをcsv.reader関数で読み込み、iterator型に変換する必要があります。

実行結果

```
C:\Users\fuji_taro\Documents\FPT2413\03>python 3-5-2_2_e1.py
Traceback (most recent call last):
  File "C:\Users\fuji_taro\Documents\FPT2413\03\3-5-2_2_e1.py", line 9, in <module>
    ws.append(row)
    ~~~~~~~~~^^^^^
  File "C:\Users\fuji_taro\AppData\Local\Programs\Python\Python313\Lib\site-packages
         ～～～
TypeError: Value must be a list, tuple, range or generator, or a dict. Supplied value is <class 'str'>

C:\Users\fuji_taro\Documents\FPT2413\03>
```

- エラーの発生場所：9行目「ws.append(row)」
- エラーの意味　　：appendメソッドで指定する変数rowのデータ型が、iterator型になっていない。

プログラム：3-5-2_2_e1.py

```
07  with open("students.csv", "r", encoding="utf8") as file:
08      for row in file:     ← 変数fileを指定している
```

```
09          ws.append(row)
10      wb.save("CSVファイルの読み込み.xlsx")
```

● 対処方法：8行目の「file」を「csv.reader(file)」に修正する。

ファイルの書き込み

テキストファイルにデータを書き込むときは、open関数でファイルを開くときに「w」など書き込みを行えるモードを指定し、open関数の戻り値を代入したテキストファイルの変数から、**writeメソッド**を呼び出します。

> **テキストファイルの書き込み**
>
> open関数の戻り値を代入したテキストファイルの変数から、書き込む内容を引数に指定してwriteメソッドを呼び出します。
>
> 構文　**テキストファイルの変数名 .write(書き込む値)**
>
> 例：ファイル「sample.txt」をモード「w」、文字コード「utf8」を指定してファイルを開き、変数fileに代入する。変数fileに文字列「こんにちは」を書き込む。
>
> ```
> with open("sample.txt", "w", encoding="utf8") as file:
>     file.write("こんにちは")
> ```

　読み込み専用でファイルを開く場合はモードに「r」を指定しましたが、書き込みを行う場合は「w」「a」「x」のいずれかを指定します。既存ファイルに書き込むか新規ファイルを作成して書き込むか、上書きするか追記するかなどによって、どのモードを指定するかが変わります。

モードの種類

モード	意味
r	読み込み専用で開く（デフォルト）。
w	書き込み用で開く。ファイルが存在する場合は上書き、存在しない場合は新規作成する。
a	書き込み用で開く。ファイルが存在する場合は末尾に追記、存在しない場合は新規作成する。
x	書き込み用に新規作成して開く。ファイルが存在する場合はエラーになる。
+	「r+」「w+」「a+」「x+」などと書くことで、読み込みと書き込みを同時に行う。

　writeメソッドとreadメソッドのどちらも呼び出したい場合は、「r+」「w+」「a+」「x+」など指定します。なお、モード指定の引数そのものを省略した場合はデフォルトで「r」が指定されます。

CSV ファイルの書き込み

CSVファイルにデータを書き込むときは、**writerowメソッド**で1行ずつ書き込めます。writerowメソッドを実行した順に書き込まれるので、ヘッダ行を入れる場合は実際のデータの前に書き込む必要があります。

csv.writer関数の引数にCSVファイルの変数名を指定して呼び出すと、書き込み用のデータを取得できます。書き込み用データに、writerowメソッドの引数に書き込むリスト型のデータを指定して、データを書き込みます。例えば、「sample.csv」というCSVファイルにデータを書き込む場合、csv.writer関数で書き込み用のデータを取得して変数studentsに代入し、writerowメソッドでリスト型のデータを書き込みます。なお、この例では、writerowメソッドを実行して1行書き込むごとに空白行が入るため、open関数にキーワード引数で「newline=""」を指定することでこれを回避しています。

```python
import csv

with open("sample.csv", "w", newline="", encoding="utf8") as file:
    students = csv.writer(file)
    students.writerow(["name","age"])
    students.writerow(["田中太郎",21,])
```

CSVファイルにはwriterowメソッドを使って1行ずつ書き込みを行うため、最終レコードのあとにも改行が入ります。上記の例で書き込まれたファイル「sample.csv」を開くと、最終行（3行目）には空白行が入っていることがわかります。

CSV ファイル：sample.csv

```
01  name,age
02  田中太郎,21
03         ●————最後に書き込んだ値のあとで改行されるため空白行が入る
```

また、Worksheetクラスのオブジェクトが持つvaluesプロパティ（P.73参照）を使うと、「ws.values」のように指定してシート全体のデータを取得できます。シート全体のデータを取得すると2次元リストの状態のデータになっており、**writerowsメソッド**を使ってまとめて書き込むこともできます。

```python
変数名 = csv.writer(CSVファイルの変数名)
変数名.writerows(ws.values)
```

実践してみよう

P.83で使用したブック「名簿.xlsx」を読み込み、新しくテキストファイル「名簿.txt」を作成して書き込んでみましょう。

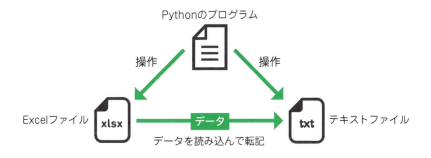

Excelのブック：名簿.xlsx

	A	B
1	田中	太郎
2	山田	花子
3	佐藤	亮一

構文の使用例

プログラム：3-5-3_1.py

```
01  import openpyxl
02
03  wb = openpyxl.load_workbook("名簿.xlsx")
04  ws = wb.active
05  with open("名簿.txt", "w", encoding="utf8") as file:
06      for row in ws.values:
07          for value in row:
08              file.write(value)
09          file.write("\n")
```

解説

01　openpyxlライブラリをインポートする。
02
03　「名簿.xlsx」というファイル名のブックを読み込み、変数wbに代入する。
04　変数wb（ブック）を開いて最初に表示されるシートを取得し、変数wsに代入する。
05　ファイル「名簿.txt」をモード「w」、文字コード「utf8」を指定して開き、変数fileに代入する。
06　　変数ws（シート）のすべてのデータを、1行ずつ変数rowに代入する間繰り返す。
07　　　変数rowからデータを1つずつ変数valueに代入する間繰り返す。
08　　　　変数fileに、変数valueの値を書き込む。
09　　　変数fileに、文字列「\n」（改行）を書き込む。

実行結果

```
C:\Users\fuji_taro\Documents\FPT2413\03>python 3-5-3_1.py
C:\Users\fuji_taro\Documents\FPT2413\03>
```

　実行すると、プログラムと同じフォルダに新しくテキストファイル「名簿.txt」が作成されます。1行目、2行目、3行目には、「名簿.xlsx」の内容が転記されていることを確認しましょう。

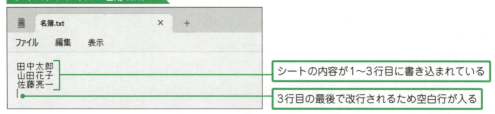

　テキストファイル「名簿.txt」には、6行目のfor文、7行目のfor文へと進み、8行目でセルA1の値「田中」を書き込み、次にセルB1の値「太郎」を書き込みます。次に7行目のfor文の繰り返し処理を抜けて、9行目で文字列「¥n」(改行)を書き込んでいます。この時点でテキストファイルには1行目に「田中太郎¥n」が書き込まれている状態です。

　その次に、6行目のfor文、7行目のfor文へと進み、8行目でセルA2の値「山田」を書き込み、次にセルB2の値「花子」を書き込みます。次に7行目のfor文の繰り返し処理を抜けて、9行目で文字列「¥n」(改行)を書き込んでいます。この時点でテキストファイルには1行目に「田中太郎¥n」、2行目に「山田花子¥n」が書き込まれている状態です。

　最後まで実行すると、実行結果のようなテキストファイルの状態になります。なお、もし9行目で「¥n」を書き込まなかった場合、テキストファイルの1行目だけに「田中太郎山田花子佐藤亮一」と書き込まれます。

🟢 Excelファイルを読み込んでCSVファイルにデータ転記する

　P.90で使用したブック「売上.xlsx」を読み込み、新しくCSVファイル「売上.csv」を作成して書き込んでみましょう。なお、「売上.xlsx」には3つのシートが存在しますが、アクティブになっているシート(ファイルを開いたときに表示されるシート)を「売上_1月」とし、このデータだけを読み込みます。

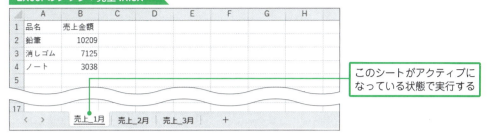

Excel のブック：売上 .xlsx

このシートがアクティブになっている状態で実行する

プログラム：3-5-3_2.py

```
01  import csv
02
03  import openpyxl
04
05  wb = openpyxl.load_workbook("売上.xlsx")
06  ws = wb.active
07  with open("売上.csv", "w", encoding="utf8") as file:
08      csv_writer = csv.writer(file)
09      csv_writer.writerows(ws.values)
```

解説

01　csvライブラリをインポートする。
02
03　openpyxlライブラリをインポートする。
04
05　「売上.xlsx」というファイル名のブックを読み込み、変数wbに代入する。
06　変数wb（ブック）を開いて最初に表示されるシートを取得し、変数wsに代入する。
07　ファイル「売上.csv」をモード「w」、文字コード「utf8」を指定して開き、変数fileに代入する。
08　　　変数fileの値を書き込み用のデータに変換して、変数csv_writerに代入する。
09　　　変数csv_writerに変数ws（シート）のすべてのデータを書き込む。

実行結果

```
C:\Users\fuji_taro\Documents\FPT2413\03>python 3-5-3_2.py
C:\Users\fuji_taro\Documents\FPT2413\03>
```

　実行すると、プログラムと同じフォルダに新しくCSVファイル「売上.csv」が作成されます。1行目、2行目、3行目、4行目には、「売上.xlsx」のシート「売上_1月」の内容がすべて転記されていることを確認しましょう。

CSVファイル「売上.csv」には、9行目でExcelのブック「売上.xlsx」のすべてのデータ（セルA1～B4の範囲の値）を書き込んでいます。CSVファイルは、行内の値と値の間を「,」（カンマ）で区切ります。例えば、CSVファイルの1行目は、セルA1の値「品名」とセルB1の値「売上金額」を「,」で区切って、「品名,売上金額」が書き込まれます。同じように、CSVファイルの2行目は、セルA2の値「鉛筆」とセルB2の値「10209」を「,」で区切って、「鉛筆,10209」が書き込まれます。

最後まで実行すると、実行結果のようなCSVファイルの状態になります。なお、CSVファイルの4行目で「ノート,3038」を書き込んだあとに「¥n」（改行）を書き込むため、5行目に空白行が入ります。

3-5-4 PDFファイルとして保存

Excelファイルの内容を**PDFファイル**として保存したい場合は、外部ライブラリである**win32comライブラリ**を使用します。次のコマンドを実行して、win32comライブラリをインストールしてください（ライブラリのインストール方法はP.68参照）。なお、win32comライブラリはWindowsでのみ使用可能です。

```
pip install pywin32
```

win32comライブラリをインストールしたら、win32comライブラリの**clientモジュール**をインポートします。win32comライブラリのclientモジュールをインポートするには、「import win32com.client」のように「.」でつなげて記述します。

まず、win32com.clientモジュールの**Dispatch関数**で、Excelを使った処理ができるようにします。

続いて、ファイルパスを指定してExcelのブックを開き、ブックの変数に代入します。このときに指定するファイルパスは**絶対パス**といい、「C:」や「D:」のようなドライブ名から始まる完全なファイルパスを指定する必要があります。

そのあとに、**ExportAsFixedFormatメソッド**を実行すると、指定したファイルパス（絶対パスで指定する必要があります）に、ExcelのブックをPDFファイルとして保存できます。メソッドに指定するキーワード引数のTypeは保存の形式を表しており、数値「0」を指定することによって、PDF形式のファイルとして保存されます。

処理が終わったら**Closeメソッド**でブックを閉じます。引数の「SaveChanges=False」は、ブックの変更を保存せずに閉じるという意味です。最後に、**Quitメソッド**でExcelを終了します。

PDFファイルとして保存

win32comライブラリのclientモジュールをインポートし、Dispatch関数でExcelを操作するオブジェクトをExcelの変数に代入します。続いて、Openメソッドでブックのファイルパスを指定して開き、ExportAsFixedFormatメソッドを実行してPDFファイルとして保存します。その後、Closeメソッドでブックを閉じ、QuitメソッドでExcelを終了します。

構文
```
Excel の変数名 = win32com.client.Dispatch("Excel.Application")
ブックの変数名 = Excel の変数名 .Workbooks.Open( ファイルパス )
ブックの変数名.ExportAsFixedFormat(Type=0, Filename= ファイルパス )
ブックの変数名.Close(SaveChanges=False)
Excel の変数名.Quit()
```

例：Excelのアプリケーションを開き、変数excelに代入する。「C:/Users/fuji_taro/sample.xlsx」のブックを開き、「C:/Users/fuji_taro/sample.pdf」にPDFファイルとして保存する。ブックを保存せずに閉じる。Excelのアプリケーションを閉じる。

```
import win32com.client

excel = win32com.client.Dispatch("Excel.Application")
workbook = excel.Workbooks.Open("C:/Users/fuji_taro/sample.xlsx")
workbook.ExportAsFixedFormat(Type=0, Filename="C:/Users/fuji_taro/sample.pdf")
workbook.Close(SaveChanges=False)
excel.Quit()
```

ファイルが存在するパスは、エクスプローラーの上部（P.29参照）に表示されています。エクスプローラーでは、フォルダの階層の区切りは「¥」で表されています。しかし、Pythonの文字列で「¥」は特殊文字としてみなされてしまうため（例えば「¥n」は改行の意味を持つ）、ここでは「/」に置き換えてファイルの階層を区切っています。

なお、相対パスを指定してPathオブジェクト（P.104参照）を作成し、**resolveメソッド**を使用することで、絶対パスを表すPathオブジェクトを作成できます。このPathオブジェクトをstr関数で文字列に変換することで、上記のOpenメソッドやExportAsFixedFormatメソッドの引数に指定できる絶対パスの文字列を作成できます。

実践してみよう

P.90で使用した、「売上_1月」「売上_2月」「売上_3月」の3つのシートを持つブック「売上.xlsx」を、PDFファイル「売上.pdf」として保存してみましょう。

Excelのブック：売上.xlsx

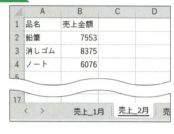
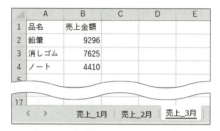

構文の使用例

プログラム：3-5-4.py

```python
01  import pathlib
02
03  import win32com.client
04
05  excel = win32com.client.Dispatch("Excel.Application")
06  input_path = pathlib.Path("売上.xlsx")
07  output_path = pathlib.Path("売上.pdf")
08  workbook = excel.Workbooks.Open(str(input_path.resolve()))
09  workbook.ExportAsFixedFormat(Type=0, Filename=str(output_path.resolve()))
10  workbook.Close(SaveChanges=False)
11  excel.Quit()
```

解説

01 pathlibライブラリをインポートする。
02
03 win32com.clientモジュールをインポートする。
04
05 Excelのアプリケーションを開き、変数excelに代入する。
06 「売上.xlsx」のファイルパスの情報を取得し、変数input_pathに代入する。
07 「売上.pdf」のファイルパスの情報を取得し、変数output_pathに代入する。
08 変数input_pathのファイルパスを絶対パスに変換し、さらに文字列に変換した結果のファイルパスのブックを開き、変数workbookに代入する。
09 変数workbook（ブック）を、変数output_pathのファイルパスを絶対パスに変換し、さらに文字列に変換した結果のファイルパスに、PDFファイルとして保存する。
10 変数workbook（ブック）を保存せずに閉じる。
11 変数excel（Excelのアプリケーション）を終了する。

> **実行結果**
> ```
> C:\Users\fuji_taro\Documents\FPT2413\03>python 3-5-4.py
> C:\Users\fuji_taro\Documents\FPT2413\03>
> ```

　実行すると、プログラムと同じフォルダに新しくPDFファイル「売上.pdf」が作成されます。Excelのブック「売上.xlsx」のシート「売上_1月」の内容がPDFファイルの1ページ目に、シート「売上_2月」の内容がPDFファイルの2ページ目に、シート「売上_3月」の内容がPDFファイルの3ページ目に保存されていることを確認しましょう。

　ここでは、PDFファイルをMicrosoft Edgeで開いています。そのほかにもPDFファイルを開くときによく使われるアプリケーションに、アドビの「Adobe Acrobat Reader」があります。

PDFファイル：売上.pdf

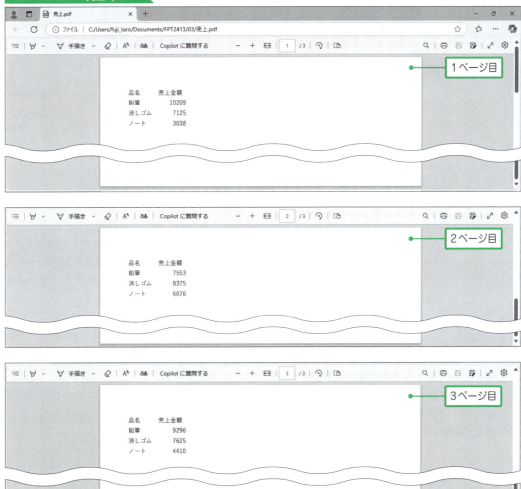

3-6 実習問題

この章で学習したことを復習しましょう。
実行結果例となるようなプログラムを、順番に作成していきましょう。

 実習問題①

次の実行結果例となるようなプログラムを作成してください。

実行結果例
```
C:\Users\fuji_taro\Documents\FPT2413\03>python 3-6-1_p1.py

C:\Users\fuji_taro\Documents\FPT2413\03>
```

Excelのブック：九九.xlsx

	A	B	C	D	E	F	G	H	I	J	K	L
1	1	2	3	4	5	6	7	8	9			
2	2	4	6	8	10	12	14	16	18			
3	3	6	9	12	15	18	21	24	27			
4	4	8	12	16	20	24	28	32	36			
5	5	10	15	20	25	30	35	40	45			
6	6	12	18	24	30	36	42	48	54			
7	7	14	21	28	35	42	49	56	63			
8	8	16	24	32	40	48	56	64	72			
9	9	18	27	36	45	54	63	72	81			
10												
11												

- 概要　　　：1行目のA列に数値「1」、B列に数値「2」、……I列に数値「9」と入力する。続いて2行目のA列に数値「2」、B列に数値「4」、……I列に数値「18」と入力する。これを9行目のA列〜I列で、数値「9」「18」、……「81」と入力するまで続けて、新しくブックに保存する。
- 実習ファイル：3-6-1_p1.py
- 処理の流れ
  - Workbookクラスのオブジェクト（ブック）を作成して、変数wbに代入する。
  - 変数wb（ブック）に最初に表示されるシートを、変数wsに代入する。
  - for文とrange関数を使った二重の繰り返し処理で、1行目A列（1列目）のセルには「1*1」の数値、1行目B列（2列目）のセルには「1*2」の数値、……と繰り返して入力していく。
  - 作成する新しいブックは、「九九.xlsx」というファイル名で保存する。

解答例

プログラム：3-6-1_p1.py

```
01  import openpyxl
02
03  wb = openpyxl.Workbook()
04  ws = wb.active
05  for row_num in range(1, 10):
06      for col_num in range(1, 10):
07          ws.cell(row=row_num, column=col_num, value=row_num*col_num)
08  wb.save("九九.xlsx")
```

解説

01 openpyxlライブラリをインポートする。
02
03 Workbookクラスのオブジェクト（ブック）を生成し、変数wbに代入する。
04 変数wb（ブック）を開いて最初に表示されるシートを取得し、変数wsに代入する。
05 「1～9」の範囲内の数値を1つずつ変数row_numに代入する間繰り返す。
06 　　「1～9」の範囲内の数値を1つずつ変数col_numに代入する間繰り返す。
07 　　　　変数ws（シート）の「変数row_numの値」行目、「変数col_numの値」列目のセルに、変数row_numの値に変数col_numの値を掛けた結果を入力する。
08 変数wb（ブック）を「九九.xlsx」というファイル名で保存する。

　Pythonを用いてExcelファイルのシートに規則性のある値を入力する場合には、二重の繰り返し処理によって行番号と列番号を指定する方法はよく使います。ここでは、for文とrange関数を使って、1行目から9行目、A列（1列目）からI列（9列目）まで値を入力しています。
　range関数（P.56参照）は、引数に数値を2つ指定することにより、開始値と終了値を指定して数値のデータ群を作成することができます。range関数で開始値を指定しない場合は0から始まる数値のデータ群を作成しますが、PythonでExcelファイルを操作する場合、1行目やA列（1列目）は「1」から開始して数えていくので、range関数で開始値に「1」を指定すると、行番号や列番号を指定しやすくなります。なお、実際のデータ群の終了値は、「終了値 - 1」までの数値になるので、ここでは終了値に「10」を指定しているため「9」（10 - 1）になります。
　上記のプログラムでは、二重の繰り返しでそれぞれ1から9までの範囲で繰り返すことで、1行目から9行目、A列（1列目）からI列（9列目）に値を入力しています。

行番号に対応する変数row_numの値と、列番号に対応する変数col_numの値を掛けた計算結果を、対応するセルに入力していけば、ちょうど問題文で与えられたとおりの九九の値を反映できるよ。

実習問題②

次の実行結果例となるようなプログラムを作成してください。

実行結果例

```
C:\Users\fuji_taro\Documents\FPT2413\03>python 3-6-2_p1.py

C:\Users\fuji_taro\Documents\FPT2413\03>
```

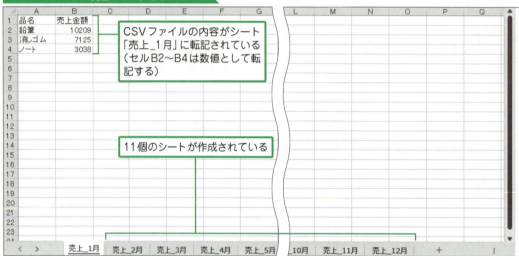

- 概要　　　：新しくブックを作成し、CSVファイル「売上_1月.csv」のデータを転記する。また、1月から12月までのシートも新たに作成し、新しいブック「売上CSVまとめ.xlsx」として保存する。
- 実習ファイル：3-6-2_p1.py、売上_1月.csv
- 処理の流れ
  - Workbookクラスのオブジェクト（ブック）を作成して、変数wbに代入する。
  - 変数wb（ブック）に最初に表示されるシートを、変数wsに代入する。
  - 変数ws（シート）のシート名を「売上_1月」に変更する。
  - CSVファイル「売上_1月.csv」を読み込み、for文を使った二重の繰り返し処理で、すべての値を1つずつ転記していく。その際、2行目以降のB列（2列目）のデータは数値として転記する。
  - 「売上_2月」から「売上_12月」までの11個のシートを作成する。なお、作成した11個のシートには、値が入っていない状態とする。
  - 作成する新しいブックは、「売上CSVまとめ.xlsx」というファイル名で保存する。

CSV ファイル：売上＿1 月.csv

```
01  品名,売上金額
02  鉛筆,10209
03  消しゴム,7125
04  ノート,3038
05
```

📋 解答例

プログラム：3-6-2_p1.py

```python
01  import csv
02
03  import openpyxl
04
05  wb = openpyxl.Workbook()
06  ws = wb.active
07  ws.title = "売上_1月"
08  with open("売上_1月.csv", "r", encoding="utf8") as file:
09      row_num = 1
10      for row in csv.reader(file):
11          col_num = 1
12          for input_value in row:
13              if row_num > 1 and col_num == 2:
14                  ws.cell(row=row_num, column=col_num, value=int(input_value))
15              else:
16                  ws.cell(row=row_num, column=col_num, value=input_value)
17              col_num += 1
18          row_num += 1
19  for i in range(2, 13):
20      wb.create_sheet(title="売上_" + str(i) + "月")
21  wb.save("売上CSVまとめ.xlsx")
```

解説

```
01  csvライブラリをインポートする。
02
03  openpyxlライブラリをインポートする。
04
05  Workbookクラスのオブジェクト（ブック）を生成し、変数wbに代入する。
06  変数wb（ブック）を開いて最初に表示されるシートを取得し、変数wsに代入する。
```

07	変数ws（シート）のシート名を「売上_1月」に設定する。
08	ファイル「売上_1月.csv」をモード「r」、エンコード「utf8」を指定して開き、変数fileに代入する。
09	変数row_numに数値「1」を代入する。
10	変数fileの値をiterator型に変換した結果の要素を、1行ずつ変数rowに代入する間繰り返す。
11	変数col_numに数値「1」を代入する。
12	変数rowから要素を1つずつ変数input_valueに代入する間繰り返す。
13	変数row_numの値が数値「1」より大きく、かつ、変数col_numの値が数値「2」と等しい場合、次の処理を実行する。
14	変数ws（シート）の「変数row_numの値」行目、「変数col_numの値」列目のセルに、変数input_valueの値を数値に変換した結果を入力する。
15	それ以外の場合、次の処理を実行する。
16	変数ws（シート）の「変数row_numの値」行目、「変数col_numの値」列目のセルに、変数input_valueの値を入力する。
17	変数col_numの値に数値「1」を足した結果を、変数col_numに代入する。
18	変数row_numの値に数値「1」を足した結果を、変数row_numに代入する。
19	「2～12」の範囲内の数値を1つずつ変数iに代入する間繰り返す。
20	変数wb（ブック）の最後に、文字列「売上_」、変数iの値を文字列に変換した結果、文字列「月」を連結した結果をシート名とするシートを追加する。
21	変数wb（ブック）を「売上CSVまとめ.xlsx」というファイル名で保存する。

　CSVファイルの内容をそのまま転記すると、すべて文字列としてExcelファイルのセルに入力されることになります。たとえ、数値の場合でも文字列としてExcelファイルのセルに入力されます。しかし、Excelファイルのセルに転記したあとに、セルの値を計算に使うこともあるので、数値は数値として入力しておいた方が利便性が高まります。

　そのため、上記のプログラムでは、数値として入力されるセルの位置を確認しておき、行番号と列番号によって判断するようなif文を使った条件分岐を行い、値をint関数で数値に変換しています。if文を使った条件分岐では、行番号が1より大きい場合、かつ、列番号が2の場合に該当するセル（セルB2～B4が条件に該当する）だけに対して、数値に変換するようにしています。なお、値を1つずつ変換する必要があるため、CSVファイルのデータをappendメソッドで行ごとにシートへ転記するのではなく、for文を使った二重の繰り返し処理によって1つずつ（セルごとに）転記しています。

　また、名前に連番が含まれる複数のシートは、まとめて作成すると便利です。上記のプログラムでは、for文とrange関数を使った繰り返し処理により、「売上_2月」から「売上_12月」までの11個のシートを一気に作成しています。

同じような処理を繰り返しで一気に実行できてしまうのが、Pythonのプログラムによる大きな利点だね！

第4章

PythonでExcelの体裁を整える

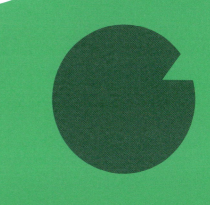

4-1 書式設定による体裁の変更

Excelは、データを見やすくするために、セルの値の配置や表示形式、罫線、色、行の高さと列の幅など、様々な書式を設定することができます。ここでは、Pythonを使ってExcelファイルの書式設定を変更する方法について説明します。

4-1-1 配置の設定

セルの値の配置を設定するには、openpyxl.stylesモジュールの**Alignmentクラス**を使用します。Alignmentオブジェクトを作成し、Cellオブジェクトのalignment属性に代入することで、セルの値の配置を設定できます。

Alignmentオブジェクトの**horizontal属性**には水平方向の位置を設定し、**vertical属性**には垂直方向の位置を設定します。それぞれ、次のような値が設定できます。

horizontal属性の設定値

設定値	意味
"left"	左寄せ
"center"	中央寄せ
"right"	右寄せ

vertical属性の設定値

設定値	意味
"top"	上寄せ
"center"	中央寄せ
"bottom"	下寄せ

セルの値の配置

セルの値の配置を設定するには、Cellオブジェクトのalignment属性にAlignmentオブジェクトを代入します。Alignmentオブジェクトのhorizontal属性には水平方向の位置を設定し、vertical属性には垂直方向の位置を設定します。

構文　セルの変数名.alignment = Alignment(horizontal=水平方向の位置, vertical=垂直方向の位置)

例：変数wc（セル）の値の配置を、水平方向を中央寄せ、垂直方向を下寄せにする。

```
wc.alignment = Alignment(horizontal="center", vertical="bottom")
```

実践してみよう

P.83で使用したブック「名簿.xlsx」を読み込み、セルの値の配置を変更してみましょう。セルA1～B3の範囲の値の配置を、水平方向を「中央寄せ」に、垂直方向を「上寄せ」に変更します。結果は、新しくブック「名簿（配置変更後）.xlsx」を作成して保存します。

Excelのブック：名簿.xlsx

	A	B	C	D	E	F	G	H
1	田中	太郎						
2	山田	花子						
3	佐藤	亮一						
4								

※1～3行目の行幅は、垂直方向の変更を確認しやすくするために広げています。

構文の使用例

プログラム：4-1-1.py

```python
01  from openpyxl import load_workbook
02  from openpyxl.styles import Alignment
03
04  wb = load_workbook("名簿.xlsx")
05  ws = wb.active
06  cells = ws["A1:B3"]
07  for row in cells:
08      for wc in row:
09          wc.alignment = Alignment(horizontal="center", vertical="top")
10  wb.save("名簿(配置変更後).xlsx")
```

解説

01	openpyxlライブラリのload_workbook関数をインポートする。
02	openpyxl.stylesモジュールのAlignmentクラスをインポートする。
03	
04	「名簿.xlsx」というファイル名のブックを読み込み、変数wbに代入する。
05	変数wb（ブック）を開いて最初に表示されるシートを取得し、変数wsに代入する。
06	変数ws（シート）のセルA1～B3の範囲のデータを、変数cellsに代入する。
07	変数cellsからデータを1行ずつ変数rowに代入する間繰り返す。
08	変数rowからデータを1セルずつ変数wcに代入する間繰り返す。
09	変数wc（セル）の値の配置を、水平方向を中央寄せ、垂直方向を上寄せにする。
10	変数wb（ブック）を「名簿(配置変更後).xlsx」というファイル名で保存する。

> 実行結果
>
> ```
> C:\Users\fuji_taro\Documents\FPT2413\04>python 4-1-1.py
> C:\Users\fuji_taro\Documents\FPT2413\04>
> ```

　実行すると、プログラムと同じフォルダに新しくExcelのブック「名簿（配置変更後）.xlsx」が作成されます。セルA1〜B3の値の配置は、水平方向が「中央寄せ」に変更され、垂直方向が「上寄せ」に変更されたことを確認しましょう。

> Excelのブック：名簿（配置変更後）.xlsx

水平方向が「中央寄せ」に変更された

垂直方向が「上寄せ」に変更された

 ## よく起きるエラー

　valuesプロパティで取得した値に、セルの値の配置を設定しようとすると、エラーになります。

> 実行結果
>
> ```
> C:\Users\fuji_taro\Documents\FPT2413\04>python 4-1-1_e1.py
> Traceback (most recent call last):
>   File "C:\Users\fuji_taro\Documents\FPT2413\04\4-1-1_e1.py", line 9, in <module>
>     wc.alignment = Alignment(horizontal="center", vertical="top")
>     ^^^^^^^^^^^^
> AttributeError: 'str' object has no attribute 'alignment' and no __dict__ for setting new attributes
>
> C:\Users\fuji_taro\Documents\FPT2413\04>
> ```

- エラーの発生場所：9行目「wc.alignment = Alignment(horizontal="center", vertical="top")」
- エラーの意味　　：文字列のデータに対してalignment属性は設定できない。

> プログラム：4-1-1_e1.py
>
> ```
> 01 from openpyxl import load_workbook
> 02 from openpyxl.styles import Alignment
> 03
> 04 wb = load_workbook("名簿.xlsx")
> 05 ws = wb.active
> 06 cells = ws["A1:B3"]
> 07 for row in ws.values:        ← valuesプロパティでセルの値を取得している
> 08     for wc in row:
> 09         wc.alignment = Alignment(horizontal="center", vertical="top")
> 10 wb.save("名簿(配置変更後).xlsx")
> ```

- 対処方法：セル自体のデータに対して値の配置を設定する（変数cellsを使う）。

 Worksheetオブジェクトのvaluesプロパティで取得した値は、セルに入力されている値（文字列）だけを取得するんだ。そのため、セルに入力されている値の配置は、設定できないんだ。ちなみに、6行目の変数cellsにはセル自体のデータを格納しているので、これを使うことで値の配置を設定できるんだ。

4-1-2 表示形式の設定

年月日や数値など、セルの値の表示形式を変更するには、Cellオブジェクトの**number_format属性**を設定します。このとき設定する表示形式の値は、年月日を「-」でつなげて表示する「yyyy-mm-dd」や、数値を「,」（カンマ）で区切る「#,###」など、Excelで設定できる表示形式と同じです。

表示形式の設定

セルの値の表示形式を変更するには、Cellオブジェクトのnumber_format属性に表示形式を設定します。

構文 セルの変数名.number_format = 表示形式

例：変数ws（シート）の1行目2列目のセルの値の表示形式を「#,###」に設定する。

```
ws.cell(row=1, column=2).number_format = "#,###"
```

 実践してみよう

ブック「経費.xlsx」を読み込み、年月日と数値の表示形式を変更してみましょう。年月日は「yyyy-mm-dd」で表示されるようにし、数値は3桁で区切り「,」が表示されるように変更します。結果は、新しくブック「経費（表示形式変更後）.xlsx」を作成して保存します。

Excelのブック：経費.xlsx

	A	B	C	D
1	日付	申請者	項目	金額
2	2024/12/10	田中太郎	交通費	720
3	2024/12/26	山田花子	通信費	1440
4	2025/1/7	佐藤亮一	交際費	36000

📖 構文の使用例

プログラム：4-1-2_1.py

```
01  from openpyxl import load_workbook
02
03  wb = load_workbook("経費.xlsx")
04  ws = wb.active
05  date_cells = ws["A2:A4"]
06  for row in date_cells:
07      for wc in row:
08          wc.number_format = "yyyy-mm-dd"
09  money_cells = ws["D2:D4"]
10  for row in money_cells:
11      for wc in row:
12          wc.number_format = "#,###"
13  wb.save("経費(表示形式変更後).xlsx")
```

解説

01	openpyxlライブラリのload_workbook関数をインポートする。
02	
03	「経費.xlsx」というファイル名のブックを読み込み、変数wbに代入する。
04	変数wb（ブック）を開いて最初に表示されるシートを取得し、変数wsに代入する。
05	変数ws（シート）のセルA2〜A4の範囲のデータを、変数date_cellsに代入する。
06	変数date_cellsからデータを1行ずつ変数rowに代入する間繰り返す。
07	変数rowからデータを1セルずつ変数wcに代入する間繰り返す。
08	変数wc（セル）の値の表示形式を「yyyy-mm-dd」に設定する。
09	変数ws（シート）のセルD2〜D4の範囲のデータを、変数money_cellsに代入する。
10	変数money_cellsからデータを1行ずつ変数rowに代入する間繰り返す。
11	変数rowからデータを1セルずつ変数wcに代入する間繰り返す。
12	変数wc（セル）の値の表示形式を「#,###」に設定する。
13	変数wb（ブック）を「経費(表示形式変更後).xlsx」というファイル名で保存する。

実行結果

```
C:\Users\fuji_taro\Documents\FPT2413\04>python 4-1-2_1.py

C:\Users\fuji_taro\Documents\FPT2413\04>
```

実行すると、プログラムと同じフォルダに新しくExcelのブック「経費（表示形式変更後）.xlsx」が作成されます。セルA2〜A4の日付の表示形式が「yyyy-mm-dd」に、セルD2〜D4の数値の表示形式が「#,###」（「,」で3桁区切り）に変更されていることを確認しましょう。

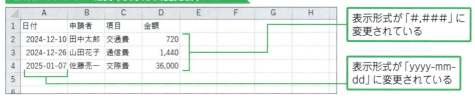

数値の表示形式

数値の表示形式には、次のようなものを設定できます。

数値の表示形式

表示形式	設定前の値	設定後の値	説明
#,##0	12300	12,300	3桁ごとに「,」（カンマ）で区切って表示し、「0」の場合は「0」を表示
	0	0	
#,###	12300	12,300	3桁ごとに「,」（カンマ）で区切って表示し、「0」の場合は空白を表示
	0	空白	
0.000	9.8765	9.877	小数点以下を指定した桁数分表示（指定した桁数を超えた場合は四捨五入し、足りない場合は「0」を表示）
	9.8	9.800	
#.###	9.8765	9.877	小数点以下を指定した桁数分表示（指定した桁数を超えた場合は四捨五入し、足りない場合はそのままを表示）
	9.8	9.8	

次のプログラムは、ブック「数値の表示形式.xlsx」のセルC2～C9の範囲に入力されている数値の値（セルB2～B9と同じ値を入力済み）に対して、それぞれ対応するセルA2～A9の数値の表示形式を設定しています。結果は、新しくブック「数値の表示形式（設定後）.xlsx」を作成して保存します。

プログラム：4-1-2_2.py

```
01  from openpyxl import load_workbook
02  
03  wb = load_workbook("数値の表示形式.xlsx")
04  ws = wb.active
05  ws["C2"].number_format = "#,##0"
06  ws["C3"].number_format = "#,##0"
07  ws["C4"].number_format = "#,###"
08  ws["C5"].number_format = "#,###"
09  ws["C6"].number_format = "0.000"
10  ws["C7"].number_format = "0.000"
11  ws["C8"].number_format = "#.###"
12  ws["C9"].number_format = "#.###"
13  wb.save("数値の表示形式(設定後).xlsx")
```

実行結果

```
C:\Users\fuji_taro\Documents\FPT2413\04>python 4-1-2_2.py

C:\Users\fuji_taro\Documents\FPT2413\04>
```

Excel のブック：数値の表示形式（設定後）.xlsx

	A	B	C	D	E	F	G	H
1	表示形式	設定前の値	設定後の値					
2	#.##0	12300	12,300					
3	#.##0	0	0					
4	#,###	12300	12,300					
5	#,###	0						
6	0.000	9.8765	9.877					
7	0.000	9.8	9.800					
8	#.###	9.8765	9.877					
9	#.###	9.8	9.8					
10								

指定した数値の表示形式が設定されている

日付の表示形式

日付の表示形式には、次のようなものを設定できます。

日付の表示形式

表示形式	設定前の値	設定後の値	説明
yyyy/m/d	2025/4/1	2025/4/1	年を4桁、月日を1桁ずつ「/」で区切って表示
yyyy/mm/dd	2025/4/1	2025/04/01	年を4桁、月日を2桁ずつ「/」で区切って（1桁なら「0」を付けて）表示
yyyy/m/d(ddd)	2025/4/1	2025/4/1(Fri)	年を4桁、月日を1桁ずつ「/」で区切り、曜日を( )で囲んで省略した英語で表示
yyyy/m/d dddd	2025/4/1	2025/4/1 Friday	年を4桁、月日を1桁ずつ「/」で区切り、曜日を英語で表示
yyyy"年"m"月"d"日"	2025/4/1	2025年4月1日	年を4桁、月日を1桁ずつ「年」「月」「日」で区切って表示
yyyy"年"mm"月"dd"日"	2025/4/1	2025年04月01日	年を4桁、月日を2桁ずつ「年」「月」「日」で区切って（1桁なら「0」を付けて）表示
ggge"年"m"月"d"日"	2025/4/1	令和7年4月1日	年を元号で、月日を1桁ずつ「年」「月」「日」で区切って表示
m"月"d"日"(aaa)	2025/4/1	4月1日(金)	月日を1桁ずつ「月」「日」で区切り、曜日を( )で囲んで省略した日本語で表示
m"月"d"日" aaaa	2025/4/1	4月1日 金曜日	月日を1桁ずつ「月」「日」で区切って表示し、曜日を日本語で表示

次のプログラムは、ブック「日付の表示形式.xlsx」のセルC2〜C10の範囲に入力されている日付の値（セルB2〜B10と同じ値を入力済み）に対して、それぞれ対応するセルA2〜A10の日付の表示形式を設定しています。結果は、新しくブック「日付の表示形式（設定後）.xlsx」を作成して保存します。

プログラム：4-1-2_3.py

```python
01  from openpyxl import load_workbook
02
03  wb = load_workbook("日付の表示形式.xlsx")
04  ws = wb.active
05  ws["C2"].number_format = "yyyy/m/d"
06  ws["C3"].number_format = "yyyy/mm/dd"
07  ws["C4"].number_format = "yyyy/m/d(ddd)"
08  ws["C5"].number_format = "yyyy/m/d dddd"
09  ws["C6"].number_format = "yyyy¥"年¥"m¥"月¥"d¥"日¥""
10  ws["C7"].number_format = "ggge¥"年¥"m¥"月¥"d¥"日¥""
11  ws["C8"].number_format = "ggge¥"年¥"m¥"月¥"d¥"日¥""
12  ws["C9"].number_format = "ggge¥"年¥"m¥"月¥"d¥"日¥"(aaa)"
13  ws["C10"].number_format = "m¥"月¥"d¥"日¥" aaaa"
14  wb.save("日付の表示形式(設定後).xlsx")
```

実行結果

```
C:\Users\fuji_taro\Documents\FPT2413\04>python 4-1-2_3.py

C:\Users\fuji_taro\Documents\FPT2413\04>
```

Excelのブック：日付の表示形式（設定後）.xlsx

	A	B	C	D	E
1	表示形式	設定前の値	設定後の値		
2	yyyy/m/d	2025/4/1	2025/4/1		
3	yyyy/mm/dd	2025/4/1	2025/04/01		
4	yyyy/m/d(ddd)	2025/4/1	2025/4/1(Tue)		
5	yyyy/m/d dddd	2025/4/1	2025/4/1 Tuesday		
6	yyyy"年"m"月"d"日"	2025/4/1	2025年4月1日		
7	ggge"年"m"月"d"日"	2025/4/1	令和7年4月1日		
8	ggge"年"m"月"d"日"	2018/4/1	平成30年4月1日		
9	ggge"年"m"月"d"日"(aaa)	2025/4/1	令和7年4月1日(火)		
10	m"月"d"日" aaaa	2025/4/1	4月1日 火曜日		
11					

指定した日付の表示形式が設定されている

4-1-3 罫線の設定

セルの罫線を設定するには、openpyxl.stylesモジュールの**Sideクラス**と**Borderクラス**を使用します。Sideオブジェクトを作成し、罫線の種類や色を設定します。Borderオブジェクトを作成し、

Sideオブジェクトを使って、罫線の表示対象とする上下左右の位置を指定します。そして、Cellオブジェクトの**border属性**にBorderオブジェクト（罫線）を設定すると、対象のセルに罫線が表示されます。
　Sideオブジェクトの**style属性**（罫線の種類を設定）には、次のような値が設定できます。また、color属性（罫線の色を設定）にはRGBカラーコード（P.146参照）を指定し、color属性を省略した場合のデフォルト（罫線の色）は「黒」になります。

style属性の主な設定値

設定値	意味	表示される罫線
"dotted"	点線	....
"double"	二重線	═══════
"thick"	太線	━━━━━
"thin"	細線	───────

> 罫線には「細線」を設定することが多いけど、「点線」「二重線」「太線」も設定できるよ。

罫線の設定

セルの罫線を設定するには、Cellオブジェクトのborder属性にBorderオブジェクトを代入します。Sideオブジェクトに罫線自体の設定をしてから、Borderオブジェクトが持つtop属性、bottom属性、left属性、right属性に、それぞれ上下左右の罫線を表示する位置に、Sideオブジェクトを代入します。Sideオブジェクトには、style属性やcolor属性で罫線のスタイルを設定します。

構文
罫線（Side）の変数名 = Side(style=罫線の種類, color=罫線の色)
罫線（Border）の変数名 = Border(top=罫線（Side）の変数名,
　　　　　　　　　　　　　　　　　bottom=罫線（Side）の変数名,
　　　　　　　　　　　　　　　　　left=罫線（Side）の変数名,
　　　　　　　　　　　　　　　　　right=罫線（Side）の変数名)
セルの変数名.border = 罫線（Border）の変数名

例：罫線を二重線で作成し、変数sideに代入する。変数sideの罫線を下の位置に表示するように設定し、変数border_bottomに代入する。変数ws（シート）の2行目3列目のセルの罫線に、変数border_bottomを代入する。

```
side = Side(style="double")
border_bottom = Border(bottom=side)
ws.cell(row=2, column=3).border = border_bottom
```

例のプログラムで、罫線を設定している処理の動き（手順）は、次のようなイメージになります。

①Sideオブジェクトを作成

```
side = Side(style="double")
```

罫線を二重線で作成する

②Borderオブジェクトを作成し、罫線を表示する位置にSideオブジェクトを代入

```
border_bottom = Border(bottom=side)
```

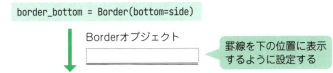

罫線を下の位置に表示するように設定する

③Cellオブジェクトのborder属性に、Borderオブジェクトを代入

```
ws.cell(row=2, column=3).border = border_bottom
```

Cellオブジェクト

2行目3列目のセルに対して、Borderオブジェクトを設定する

実践してみよう

P.137で使用したブック「経費.xlsx」を読み込み、セルA1～D4の範囲に罫線の設定をしてみましょう。罫線は、セルA1～D4の範囲のすべてのセルに対して、上下左右に細線を設定します。結果は、新しくブック「経費（罫線設定後）.xlsx」を作成して保存します。

Excelのブック：経費.xlsx

	A	B	C	D	E	F	G	H
1	日付	申請者	項目	金額				
2	2024/12/10	田中太郎	交通費	720				
3	2024/12/26	山田花子	通信費	1440				
4	2025/1/7	佐藤亮一	交際費	36000				
5								

構文の使用例

プログラム：4-1-3.py

```python
01  from openpyxl import load_workbook
02  from openpyxl.styles import Border, Side
03
04  wb = load_workbook("経費.xlsx")
```

```python
05  ws = wb.active
06  side = Side(style="thin")
07  border_all = Border(top=side, bottom=side, left=side, right=side)
08  for row in ws["A1:D4"]:
09      for wc in row:
10          wc.border = border_all
11  wb.save("経費(罫線設定後).xlsx")
```

解説

01 openpyxlライブラリのload_workbook関数をインポートする。

02 openpyxl.stylesモジュールのBorderクラスとSideクラスをインポートする。

03

04 「経費.xlsx」というファイル名のブックを読み込み、変数wbに代入する。

05 変数wb（ブック）を開いて最初に表示されるシートを取得し、変数wsに代入する。

06 罫線を細線で作成し、変数sideに代入する。

07 変数sideの罫線を上下左右の位置に表示するように設定し、変数border_allに代入する。

08 変数ws（シート）のセルA1〜D4の範囲のデータを、1行ずつ変数rowに代入する間繰り返す。

09 　　変数rowからデータを1セルずつ変数wcに代入する間繰り返す。

10 　　　　変数wc（セル）の罫線に、変数border_allを代入する。

11 変数wb（ブック）を「経費(罫線設定後).xlsx」というファイル名で保存する。

実行結果

```
C:\Users\fuji_taro\Documents\FPT2413\04>python 4-1-3.py

C:\Users\fuji_taro\Documents\FPT2413\04>
```

　実行すると、プログラムと同じフォルダに新しくExcelのブック「経費（罫線設定後）.xlsx」が作成されます。セルA1〜D4の範囲のすべてのセルに対して、罫線が細線で上下左右に設定されていることを確認しましょう。

Excelのブック：経費（罫線設定後）.xlsx

	A	B	C	D	E	F	G	H
1	日付	申請者	項目	金額				
2	2024/12/10	田中太郎	交通費	720				
3	2024/12/26	山田花子	通信費	1440				
4	2025/1/7	佐藤亮一	交際費	36000				
5								

罫線（細線）がすべてのセルの上下左右に設定されている

よく起きるエラー

Sideオブジェクトにstyle属性を指定しないと、罫線が設定されません（style属性の指定は省略できない）。

実行結果
```
C:\Users\fuji_taro\Documents\FPT2413\04>python 4-1-3_e1.py
C:\Users\fuji_taro\Documents\FPT2413\04>
```

Excelのブック：経費(罫線設定後).xlsx

	A	B	C	D	E	F	G	H
1	日付	申請者	項目	金額				
2	2024/12/10	田中太郎	交通費	720				
3	2024/12/26	山田花子	通信費	1440				
4	2025/1/7	佐藤亮一	交際費	36000				
5								

→罫線が設定されていない

- エラーの発生場所：6行目「side = Side()」
- エラーの意味　　：style属性が指定されていない。

プログラム：4-1-3_e1.py
```
01  from openpyxl import load_workbook
02  from openpyxl.styles import Border, Side
03
04  wb = load_workbook("経費.xlsx")
05  ws = wb.active
06  side = Side()          ←style属性が指定されていない
07  border_all = Border(top=side, bottom=side, left=side, right=side)
08  for row in ws["A1:D4"]:
09      for wc in row:
10          wc.border = border_all
11  wb.save("経費(罫線設定後).xlsx")
```

- 対処方法：style属性を指定する。

4-1-4 色の設定

セルの色を設定するには、openpyxl.stylesモジュールの**PatternFillクラス**を使用します。PatternFillオブジェクトを作成し、セルを塗りつぶす色や模様（パターン）などを設定します。PatternFillオブジェクトを、Cellオブジェクトの**fill属性**に代入することで、対象のセルに色を設定できます。

セルの色は**RGBカラーコード**で設定します。赤、緑、青のそれぞれの色を00～FFまでの2桁の16進数で表し、それらを組み合わせた6桁の16進数で色を表現します。カラーコードの例には、次のようなものがあります。

RGBカラーコードの主な例

カラーコード	色
FF0000	赤
FFFF00	黄
00FF00	黄緑
008000	緑
0000FF	青

カラーコード	色
00FFFF	水色
000000	黒
FFFFFF	白
808080	灰色
B0B0B0	薄い灰色

PatternFillオブジェクトの**patternType属性**には色の塗りつぶしのパターンを、**fgColor属性**にはRGBカラーコードで色を設定します。また、patternType属性で設定する値に応じて、もう1つの色を**bgColor属性**にカラーコードで設定することもできます。patternType属性には、次のような値が設定できます。

patternType属性の主な設定値

設定値	内容
solid	fgColor属性の色で塗りつぶし
darkVertical	実線で縦の模様（fgColor属性が強く表示される）
lightVertical	実線で縦の模様（bgColor属性が強く表示される）
darkGrid	格子の模様（fgColor属性が強く表示される）
lightGrid	格子の模様（bgColor属性が強く表示される）

色の設定

セルの色を設定するには、CellオブジェクトのfIll属性にPatternFillオブジェクトを代入します。PatternFillオブジェクトのpatternType属性には色の塗りつぶしのパターンを、fgColorには色（必要に応じてbgColorにも色）を設定します。

構文 セルの変数名.fill = PatternFill(patternType= パターン , fgColor= カラーコード , [bgColor= カラーコード])

例：変数ws（シート）の1行目2列目のセルの色に、「FF0000」（赤）と「0000FF」（青）の実線の縦の模様を設定する。

```
ws.cell(row=1, column=2).fill = PatternFill(patternType="darkVertical",
fgColor="FF0000", bgColor="0000FF")
```

実践してみよう

P.137で使用したブック「経費.xlsx」を読み込み、セルA1～D1の範囲に色の設定をしてみましょう。色は、セルA1～D1の範囲のすべてのセルに対して、水色で塗りつぶしを設定します。結果は、新しくブック「経費（色設定後）.xlsx」を作成して保存します。

Excelのブック：経費.xlsx

▲	A	B	C	D	E	F	G	H
1	日付	申請者	項目	金額				
2	2024/12/10	田中太郎	交通費	720				
3	2024/12/26	山田花子	通信費	1440				
4	2025/1/7	佐藤亮一	交際費	36000				
5								

構文の使用例

プログラム：4-1-4.py

```
01  from openpyxl import load_workbook
02  from openpyxl.styles import PatternFill
03
04  wb = load_workbook("経費.xlsx")
05  ws = wb.active
06  pattern = PatternFill(patternType="solid", fgColor="00FFFF")
07  for row in ws["A1:D1"]:
08      for wc in row:
09          wc.fill = pattern
10  wb.save("経費(色設定後).xlsx")
```

解説

01 openpyxlライブラリのload_workbook関数をインポートする。

02 openpyxl.stylesモジュールのPatternFillクラスをインポートする。

03

04 「経費.xlsx」というファイル名のブックを読み込み、変数wbに代入する。

05 変数wb（ブック）を開いて最初に表示されるシートを取得し、変数wsに代入する。

06 色を「00FFFF」（水色）の塗りつぶしで作成し、変数patternに代入する。

07 変数ws（シート）のセルA1～D1の範囲のデータを、1行ずつ変数rowに代入する間繰り返す。

08 　変数rowからデータを1セルずつ変数wcに代入する間繰り返す。

09 　　変数wc（セル）の色に、変数patternを代入する。

10 変数wb（ブック）を「経費（色設定後）.xlsx」というファイル名で保存する。

> 実行結果

```
C:\Users\fuji_taro\Documents\FPT2413\04>python 4-1-4.py

C:\Users\fuji_taro\Documents\FPT2413\04>
```

　実行すると、プログラムと同じフォルダに新しくExcelのブック「経費（色設定後）.xlsx」が作成されます。セルA1～D1の範囲に、色が水色の塗りつぶしで設定されていることを確認しましょう。

> Excelのブック：経費（色設定後）.xlsx

	A	B	C	D	E	F	G	H
1	日付	申請者	項目	金額				
2	2024/12/10	田中太郎	交通費	720				
3	2024/12/26	山田花子	通信費	1440				
4	2025/1/7	佐藤亮一	交際費	36000				
5								

→ 色が水色の塗りつぶしで設定されている

 よく起きるエラー

patternType属性を正しく指定しないと、エラーになります。

> 実行結果

```
C:\Users\fuji_taro\Documents\FPT2413\04>python 4-1-4_e1.py
Traceback (most recent call last):
  File "C:\Users\fuji_taro\Documents\FPT2413\04\4-1-4_e1.py", line 6, in <module>
    pattern = PatternFill(patternType="sorid", fgColor="00FFFF")
  File "C:\Users\fuji_taro\AppData\Local\Programs\Python\Python313\Lib\site-packages
\openpyxl\styles\fills.py", line 88, in __init__
〜
\openpyxl\descriptors\base.py", line 132, in __set__
    raise ValueError(self.__doc__)
ValueError: Value must be one of {'lightTrellis', 'darkVertical', 'mediumGray', 'dar
kDown', 'gray0625', 'darkGray', 'solid', 'darkTrellis', 'lightGray', 'lightGrid', 'l
ightHorizontal', 'darkHorizontal', 'lightUp', 'lightVertical', 'gray125', 'lightDown
', 'darkGrid', 'darkUp'}

C:\Users\fuji_taro\Documents\FPT2413\04>
```

- エラーの発生場所：6行目「pattern = PatternFill(patternType="sorid", fgColor="00FFFF")」
- エラーの意味　　：指定したpatternType属性が定義されていない。

> プログラム：4-1-4_e1.py

```
01  from openpyxl import load_workbook
02  from openpyxl.styles import PatternFill
03
04  wb = load_workbook("経費.xlsx")
05  ws = wb.active
06  pattern = PatternFill(patternType="sorid", fgColor="00FFFF")
07  for row in ws["A1:D1"]:
```

← patternType属性を誤った値「sorid」と指定している

```
08      for wc in row:
09          wc.fill = pattern
10  wb.save("経費(色設定後).xlsx")
```

- 対処方法：正しいpatternType属性の値「solid」と指定する。

patternType属性には、エラーの最後に表示されているような値が設定できるんだ。P.146でいくつか紹介したけど、多くの設定値はfgColor属性だけでなく、bgColor属性も合わせて設定するよ。いくつか試してみよう。

4-1-5 行の高さと列の幅の設定

　セルの行の高さと列の幅を設定するには、まずWorksheetオブジェクトの**row_dimensions属性**および**column_dimensions属性**で行または列を指定します。その後、row_dimensions属性の**height属性**で行の高さを、column_dimensions属性の**width属性**で列の幅を、それぞれ数値で設定します。行の高さはポイント単位、列の幅はExcelにおける文字数で設定されます（Excelの内部で数値の調整が行われるため、実際の値は設定値とやや異なることがあります）。

行の高さと列の幅の設定

セルの行の高さを設定するには、Worksheetオブジェクトのrow_dimensions属性で行番号を指定し、そのheight属性に数値を代入します。セルの列の幅を設定するには、Worksheetオブジェクトのcolumn_dimensions属性で列名を指定し、そのwidth属性に数値を代入します。なお、列の指定は、列番号ではなく、列名（"A"や"B"など）で指定します。

構文
シートの変数名.row_dimensions[行番号].height = 行の高さ
シートの変数名.column_dimensions[列名].width = 列の幅

例：変数ws（シート）の1行目の高さを「5」に設定する。変数ws（シート）のB列の幅を「20」に設定する。

```
ws.row_dimensions[1].height = 5
ws.column_dimensions["B"].width = 20
```

行の高さに使われる1ポイントは約0.35mmだよ。また、列の幅はExcelの標準的な半角の文字幅から算出された値で算出されるんだ。

実践してみよう

　P.137で使用したブック「経費.xlsx」を読み込み、行の高さと列の幅の設定をしてみましょう。1行目の高さを「40」に設定し、B列の幅を「15」に設定します。結果は、新しくブック「経費(高さ幅設定後).xlsx」を作成して保存します。

Excelのブック：経費.xlsx

	A	B	C	D	E	F	G	H
1	日付	申請者	項目	金額				
2	2024/12/10	田中太郎	交通費	720				
3	2024/12/26	山田花子	通信費	1440				
4	2025/1/7	佐藤亮一	交際費	36000				
5								

構文の使用例

プログラム：4-1-5.py

```
01  from openpyxl import load_workbook
02
03  wb = load_workbook("経費.xlsx")
04  ws = wb.active
05  ws.row_dimensions[1].height = 40
06  ws.column_dimensions["B"].width = 15
07  wb.save("経費(高さ幅設定後).xlsx")
```

解説

01　openpyxlライブラリのload_workbook関数をインポートする。
02
03　「経費.xlsx」というファイル名のブックを読み込み、変数wbに代入する。
04　変数wb（ブック）を開いて最初に表示されるシートを取得し、変数wsに代入する。
05　変数ws（シート）の1行目の高さを「40」に設定する。
06　変数ws（シート）のB列の幅を「15」に設定する。
07　変数wb（ブック）を「経費(高さ幅設定後).xlsx」というファイル名で保存する。

実行結果

```
C:\Users\fuji_taro\Documents\FPT2413\04>python 4-1-5.py

C:\Users\fuji_taro\Documents\FPT2413\04>
```

　実行すると、プログラムと同じフォルダに新しくExcelのブック「経費(高さ幅設定後).xlsx」が作成されます。1行目の高さが40ポイントに変更され、B列の幅が15文字に変更されていることを確認しましょう。

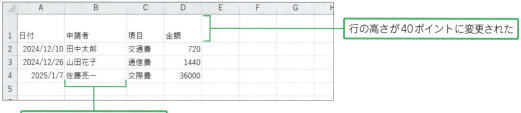

Excelのブック：経費(高さ幅設定後).xlsx

行の高さが40ポイントに変更された

列の幅が15文字に変更された

 よく起きるエラー

列の幅を設定する列を、列番号で指定するとエラーになります。

実行結果

```
C:\Users\fuji_taro\Documents\FPT2413\04>python 4-1-5_e1.py
Traceback (most recent call last):
  File "C:\Users\fuji_taro\Documents\FPT2413\04\4-1-5_e1.py", line 6, in <module>
    ws.column_dimensions[2].width = 15
    ~~~~~~~~~~~~~~~~~~~~^^^
  File "C:\Users\fuji_taro\AppData\Local\Programs\Python\Python313\Lib\site-packages
\openpyxl\utils\bound_dictionary.py", line 25, in __getitem__
    setattr(value, self.reference, key)
    ~~~~~~~^^^^^^^^^^^^^^^^^^^^^^^^^^^^
  File "C:\Users\fuji_taro\AppData\Local\Programs\Python\Python313\Lib\site-packages
\openpyxl\descriptors\base.py", line 46, in __set__
    raise TypeError(msg)
TypeError: <class 'openpyxl.worksheet.dimensions.ColumnDimension'>.index should be <
class 'str'> but value is <class 'int'>

C:\Users\fuji_taro\Documents\FPT2413\04>
```

- エラーの発生場所：6行目「ws.column_dimensions[2].width = 15」
- エラーの意味　　：文字列で指定すべき部分が、数値で指定されている。

プログラム：4-1-5_e1.py

```
01  from openpyxl import load_workbook
02
03  wb = load_workbook("経費.xlsx")
04  ws = wb.active
05  ws.row_dimensions[1].height = 40
06  ws.column_dimensions[2].width = 15    列の幅を設定する列を、列番号で指定している
07  wb.save("経費(高さ幅設定後).xlsx")
```

- 対処方法：列の幅を設定する列は、列名(「"B"」のように)で指定する。

4-1-6 文字設定の変更とセルの結合

セルの文字設定を変更するには、openpyxl.stylesモジュールの**Fontクラス**を使用します。Fontオブジェクトを作成し、Cellオブジェクトの**font属性**に代入することで、対象のセルの文字設定を変更できます。

複数のセルを結合するには、Worksheetオブジェクトの**merge_cellsメソッド**を使用します。

文字設定の変更とセルの結合

セルの文字設定を変更するには、FontオブジェクトをCellオブジェクトのfont属性に代入します。name属性でフォントの名前、size属性でサイズ、color属性で文字の色、bold属性で太字にするかどうかを設定できます。

複数のセルを結合するには、Worksheetオブジェクトのmerge_cellsメソッドを使用します。結合するセルの範囲は、キーワード引数のstart_row、start_column、end_row、end_columnでそれぞれ指定します。

構文	セルの変数名.font = Font(name=フォントの名前, 　　　　　　　　　　　　　size=サイズ, 　　　　　　　　　　　　　color=文字の色, 　　　　　　　　　　　　　bold=太字にする場合はTrue) シートの変数名.merge_cells(start_row=開始位置の行番号, 　　　　　　　　　　　　　　start_column=開始位置の列番号, 　　　　　　　　　　　　　　end_row=終了位置の行番号, 　　　　　　　　　　　　　　end_column=終了位置の列番号)

例：変数ws（シート）のセルC4に入力されている文字のサイズを「18」に、太字に変更する。

```
ws["C4"].font = Font(size=18, bold=True)
```

例：変数ws（シート）の3行目2列目～3行目4列目の範囲のセルを結合する。

```
ws.merge_cells(start_row=3, start_column=2, end_row=3, end_column=4)
```

Fontオブジェクトを作成するときに指定する属性「name」「size」「color」「bold」は、文字設定の変更をしたいものだけ指定すればいいよ。

実践してみよう

P.137で使用したブック「経費.xlsx」を読み込み、文字のサイズを変更したり、セルを結合したりしてみましょう。1行目に2行追加（挿入）し、セルA1～D1のセルを結合して文字列「経費実績一覧」を入力し、文字のサイズを「15」に変更します。結果は、新しくブック「経費（文字変更後とセル結合後）.xlsx」を作成して保存します。

Excel のブック：経費 .xlsx

	A	B	C	D	E	F	G	H
1	日付	申請者	項目	金額				
2	2024/12/10	田中太郎	交通費	720				
3	2024/12/26	山田花子	通信費	1440				
4	2025/1/7	佐藤亮一	交際費	36000				
5								

構文の使用例

プログラム：4-1-6.py

```python
from openpyxl import load_workbook
from openpyxl.styles import Alignment, Font

wb = load_workbook("経費.xlsx")
ws = wb.active
ws.insert_rows(1, amount=2)
ws.merge_cells(start_row=1, start_column=1, end_row=1, end_column=4)
ws.cell(row=1, column=1, value="経費実績一覧")
ws["A1"].font = Font(size=15)
ws["A1"].alignment = Alignment(horizontal="center")
wb.save("経費(文字変更後とセル結合後).xlsx")
```

解説

01 openpyxlライブラリのload_workbook関数をインポートする。

02 openpyxl.stylesモジュールのAlignmentクラスとFontクラスをインポートする。

03

04 「経費.xlsx」というファイル名のブックを読み込み、変数wbに代入する。

05 変数wb（ブック）を開いて最初に表示されるシートを取得し、変数wsに代入する。

06 変数ws（シート）の1行目に行を2行挿入する。

07 変数ws（シート）の1行目1列目～1行目4列目の範囲のセルを結合する。

08 変数ws（シート）の1行目1列目のセルに、文字列「経費実績一覧」を入力する。

09 変数ws（シート）のセルA1に入力されている文字のサイズを「15」に変更する。

10 変数ws（シート）のセルA1の値の配置を、水平方向に中央寄せにする。

11 変数wb（ブック）を「経費(文字変更後とセル結合後).xlsx」というファイル名で保存する。

実行結果

```
C:\Users\fuji_taro\Documents\FPT2413\04>python 4-1-6.py

C:\Users\fuji_taro\Documents\FPT2413\04>
```

　実行すると、プログラムと同じフォルダに新しく「経費（文字変更後とセル結合後）.xlsx」が作成されます。1行目～2行目が先頭に追加（挿入）され、セルA1～D1のセルが結合されていることを確認しましょう。また、結合されたセルに文字列「経費実績一覧」がサイズ「15」で入力されていることを確認しましょう。

Excelのブック：経費（文字変更後とセル結合後）.xlsx

	A	B	C	D	E	F	G	H
1		経費実績一覧						
2								
3	日付	申請者	項目	金額				
4	2024/12/10	田中太郎	交通費	720				
5	2024/12/26	山田花子	通信費	1440				
6	2025/1/7	佐藤亮一	交際費	36000				
7								

セルが結合され、文字のサイズが変更されている

4-1-7 表記ゆれの統一の設定

　英数字やカタカナの入力値が、半角と全角で混在している場合、いずれかの表記に統一したいと思います。そのような場合は、標準ライブラリの**unicodedataライブラリ**を使用することで、表記を統一できます。表記の統一には、unicodedataライブラリの**normalize関数**を使用します。

表記ゆれの統一の設定

半角や全角が混在している場合の表記ゆれの統一には、unicodedataライブラリのnormalize関数を使用します。normalize関数は、1つ目の引数に表記を統一する方式を、2つ目の引数に表記を統一したい文字列を指定し、表記を統一した文字列を戻り値として返します。表記を統一する方式は、一般的に「NFKC」を指定します。「NFKC」を指定することにより、「全角数字」は「半角数字」に変換され、「全角アルファベット」は「半角アルファベット」に変換され、「半角カタカナ」は「全角カタカナ」に統一されます。

構文　表記統一後の文字列 = unicodedata.normalize("NFKC", 表記統一前の文字列)

例：変数 name の文字列を「NFKC」の方式で表記を統一し、変数 name_new に代入する。

```
import unicodedata


name_new = unicodedata.normalize("NFKC", name)
```

実践してみよう

次のようなブック「クラス名簿.xlsx」を読み込み、混在して入力されている半角や全角の表記ゆれを統一してみましょう。全角数字は半角数字に変換し、全角アルファベットは半角アルファベットに変換し、半角カタカナは全角カタカナに表記を統一します。結果は、新しくブック「クラス名簿（表記統一後）.xlsx」を作成して保存します。

Excel のブック：クラス名簿.xlsx

	A	B	C	D	E	F	G	H
1	クラス	名前						
2	1年A組	タナカタロウ						
3	1年B組	ﾔﾏﾀﾞ ﾊﾅｺ						
4	1年B組	ｻﾄｳﾘｮｳｲﾁ						
5								

構文の使用例

プログラム：4-1-7_1.py

```python
01  import unicodedata
02
03  import openpyxl
04
05  wb = openpyxl.load_workbook("クラス名簿.xlsx")
06  ws = wb.active
07  for row in ws["A1:B4"]:
08      for wc in row:
09          wc.value = unicodedata.normalize("NFKC", wc.value)
10  wb.save("クラス名簿（表記統一後）.xlsx")
```

解説

01	unicodedataライブラリをインポートする。
02	
03	openpyxlライブラリをインポートする。
04	
05	「クラス名簿.xlsx」というファイル名のブックを読み込み、変数wbに代入する。
06	変数wb（ブック）を開いて最初に表示されるシートを取得し、変数wsに代入する。
07	変数ws（シート）のセルA1〜B4の範囲のデータを、1行ずつ変数rowに代入する間繰り返す。
08	変数rowからデータを1セルずつ変数wcに代入する間繰り返す。
09	変数wc（セル）の値を「NFKC」の方式で表記を統一し、変数wcに入力する。
10	変数wb（ブック）を「クラス名簿（表記統一後）.xlsx」というファイル名で保存する。

実行結果

```
C:\Users\fuji_taro\Documents\FPT2413\04>python 4-1-7_1.py

C:\Users\fuji_taro\Documents\FPT2413\04>
```

実行すると、プログラムと同じフォルダに新しくExcelのブック「クラス名簿（表記統一後）.xlsx」が作成されます。英数字は半角に統一され、カタカナは全角に統一されていることを確認しましょう。

Excelのブック：クラス名簿（表記統一後）.xlsx

	A	B
1	クラス	名前
2	1年A組	タナカタロウ
3	1年B組	ヤマダハナコ
4	1年B組	サトウリョウイチ
5		

→ カタカナは全角に統一されている

→ 英数字は半角に統一されている

> NFKCの方式は、効率的に表記が統一できて便利だね。また、よく文字列の前後に入るような「（文字列）」の「（）」カッコについても、NFKC方式では半角で表記が統一されるよ。

⚠ よく起きるエラー

表記を統一する方式を正しく指定しないと、エラーになります。

```
C:\Users\fuji_taro\Documents\FPT2413\04>python 4-1-7_1_e1.py
Traceback (most recent call last):
  File "C:\Users\fuji_taro\Documents\FPT2413\04\4-1-7_1_e1.py", line 9, in <module>
    wc.value = unicodedata.normalize("NFKc", wc.value)
                                    ^^^^^^^^^^^^^^^^^
ValueError: invalid normalization form

C:\Users\fuji_taro\Documents\FPT2413\04>
```

- エラーの発生場所：9行目「wc.value = unicodedata.normalize("NFKc", wc.value)」
- エラーの意味　　：表記を統一する方式が定義されていない。

プログラム：4-1-7_1_e1.py

```
08      for wc in row:
09          wc.value = unicodedata.normalize("NFKc", wc.value)
10      wb.save("クラス名簿(表記統一後).xlsx")
```

→ 誤った値「NFKc」と指定している

- 対処方法：表記を統一する正しい方式「NFKC」を指定する。

英字の文字列の表記の統一

英字の文字列では、さらに、小文字をすべて大文字に統一したり、大文字をすべて小文字に統一したり、先頭だけを大文字に統一したりすることができます。このような場合、文字列（strクラス）の次のようなメソッドを利用します。

strクラスのメソッド

メソッド	説明	変換前の値	変換後の値
str.upper()	英字の文字列すべてを大文字に変換	python	PYTHON
str.lower()	英字の文字列すべてを小文字に変換	JavaScript	javascript
str.title()	英字の文字列の先頭を大文字に変換し、そのほかは小文字に変換	python	Python
str.swapcase()	英字の文字列のうち、大文字は小文字に変換し、小文字は大文字に変換	JavaScript	jAVAsCRIPT

次のようなブック「英字の文字列.xlsx」を読み込み、セルA2～A6の範囲の変換方法で、セルC2～C6の範囲に入力されている英字の文字列（セルB2～B6と同じ値を入力済み）を変換します。結果は、新しくブック「英字の文字列（変換後）.xlsx」を作成して保存します。

Excelのブック：英字の文字列.xlsx

	A	B	C	D	E	F
1	変換方法	変換前	変換後			
2	すべて大文字にする	JavaScript	JavaScript			
3	すべて小文字にする	JavaScript	JavaScript			
4	先頭だけ大文字にする	python	python			
5	先頭だけ大文字にする	JAVA	JAVA			
6	大文字小文字を逆にする	JavaScript	JavaScript			
7						

プログラム：4-1-7_2.py

```
01  import openpyxl
02  
03  wb = openpyxl.load_workbook("英字の文字列.xlsx")
04  ws = wb.active
05  ws["C2"].value = ws["C2"].value.upper()
06  ws["C3"].value = ws["C3"].value.lower()
07  ws["C4"].value = ws["C4"].value.title()
08  ws["C5"].value = ws["C5"].value.title()
09  ws["C6"].value = ws["C6"].value.swapcase()
10  wb.save("英字の文字列(変換後).xlsx")
```

解説

01 openpyxlライブラリをインポートする。
02
03 「英字の文字列.xlsx」というファイル名のブックを読み込み、変数wbに代入する。
04 変数wb（ブック）を開いて最初に表示されるシートを取得し、変数wsに代入する。
05 変数ws（シート）のセルC2の値すべてを大文字に変換した結果を、変数wsのセルC2に入力する。
06 変数ws（シート）のセルC3の値すべてを小文字に変換した結果を、変数wsのセルC3に入力する。
07 変数ws（シート）のセルC4の値の先頭を大文字に変換し、そのほかは小文字に変換した結果を、変数wsのセルC4に入力する。
08 変数ws（シート）のセルC5の値の先頭を大文字に変換し、そのほかは小文字に変換した結果を、変数wsのセルC5に入力する。
09 変数ws（シート）のセルC6の値の大文字は小文字に変換し、小文字は大文字に変換した結果を、変数wsのセルC6に入力する。
10 変数wb（ブック）を「英字の文字列(変換後).xlsx」というファイル名で保存する。

実行結果

```
C:\Users\fuji_taro\Documents\FPT2413\04>python 4-1-7_2.py

C:\Users\fuji_taro\Documents\FPT2413\04>
```

　実行すると、プログラムと同じフォルダに新しくExcelのブック「英字の文字列(変換後).xlsx」が作成されます。セルC2～C6の範囲に入力されている英字の文字列が、セルA2～A6の範囲の変換方法に従って変換されていることを確認しておきましょう。

Excelのブック：英字の文字列(変換後).xlsx

	A	B	C
1	変換方法	変換前	変換後
2	すべて大文字にする	JavaScript	JAVASCRIPT
3	すべて小文字にする	JavaScript	javascript
4	先頭だけ大文字にする	python	Python
5	先頭だけ大文字にする	JAVA	Java
6	大文字小文字を逆にする	JavaScript	jAVAsCRIPT

指定した方法で変換されている

変換前と変換後の値を比べてみてね。このように、英字の文字列の場合には、表記を統一する手段として、様々な変換方法があるよ。必要に応じて使い分けてみよう。

4-2 条件に応じた体裁の変更

Excelでは、セルの入力値を制限したり、条件に応じてセルの書式を設定したりできます。ここではPythonを使ってExcelに条件を設定し、体裁を変更する方法を説明します。

4-2-1 入力規則の設定

セルの入力規則を設定するには、openpyxl.worksheet.datavalidationモジュールの**DataValidationクラス**を使用します。DataValidationオブジェクトを作成し、**add**メソッドで入力規則を設定するセルの範囲を指定します。そしてWorksheetオブジェクトの**add_data_validationメソッド**で、対象のシートにDataValidationオブジェクトを追加することで、入力規則を設定できます。

入力規則の設定

セルの入力規則の設定には、DataValidationオブジェクトを作成します。DataValidationオブジェクトを作成する際に、入力形式や条件などを指定します。続いて、addメソッドで入力規則を設定するセルの範囲を指定します。その後、Worksheetオブジェクトのadd_data_validationメソッドで、DataValidationオブジェクトを指定して入力規則を設定します。

> **構文**
> 入力規則の変数名 = DataValidation(type= 入力形式 [, formula1= 条件 , showErrorMessage=True])
> 入力規則の変数名.add(セルの範囲)
> シートの変数名.add_data_validation(入力規則の変数名)

例：入力形式はリスト、入力可能な値は「A」「B」「C」、規則に違反したらエラーメッセージを表示させるようにして入力規則を作成し、変数validationに代入する。変数validationの範囲に「セルB2〜B4」を追加する。変数ws（シート）の入力規則に、変数validationを追加する。

```
validation = DataValidation(type="list", formula1='"A,B,C"', showErrorMessage=True)
validation.add("B2:B4")
ws.add_data_validation(validation)
```

DataValidationオブジェクトの**type属性**には、入力する値の形式を設定します。例えば、次のような値が設定できます。

type属性の設定値

設定値	内容
"list"	リストから選択させる
"whole"	整数
"decimal"	小数

設定値	内容
"textLength"	文字列（長さを指定する）
"time"	時刻
"date"	日付

formula1属性には、type属性で指定した形式に応じて、追加で必要な値を入力します。type属性に「"list"」を指定した場合は、入力可能な値を指定します。例えば、入力可能な値を文字「A」「B」「C」のうちから選択させたい場合は、「'"A,B,C"'」のように、入力可能な値を「,」（カンマ）で区切り、文字列全体を「'」（シングルクォーテーション）で前後を囲んで、最初と最後に「"」（ダブルクォーテーション）を含めた文字列で指定する必要があります。または、文字列全体を「'」ではなく「"」で囲って、「"¥"A,B,C¥""」のようにエスケープシーケンス（P.35参照）を使って「"」を文字列に含めます。

また、**showErrorMessage属性**にTrueを設定することで、入力規則に違反した値がセルに入力されたときに、エラーメッセージを表示させることができます。

実践してみよう

P.137で使用したブック「経費.xlsx」を読み込み、E列に「状況」という列を追加して入力規則を設定してみましょう。セルE1に文字列「状況」を追加し、入力規則はセルE2〜E4の範囲に設定します。結果は、新しくブック「経費（入力規則設定後）.xlsx」を作成して保存します。

Excelのブック：経費.xlsx

	A	B	C	D	E	F	G	H
1	日付	申請者	項目	金額				
2	2024/12/10	田中太郎	交通費	720				
3	2024/12/26	山田花子	通信費	1440				
4	2025/1/7	佐藤亮一	交際費	36000				
5								

構文の使用例

プログラム：4-2-1.py

```
01  from openpyxl import load_workbook
02  from openpyxl.worksheet.datavalidation import DataValidation
03
04  wb = load_workbook("経費.xlsx")
05  ws = wb.active
06  ws.cell(row=1, column=5, value="状況")
07  validation = DataValidation(type="list", formula1='"未精算,精算中,精算済み"',
       showErrorMessage=True)
```

```
08  validation.add("E2:E4")
09  ws.add_data_validation(validation)
10  wb.save("経費(入力規則設定後).xlsx")
```

解説

01 openpyxlライブラリのload_workbook関数をインポートする。
02 openpyxl.worksheet.datavalidationモジュールのDataValidationクラスをインポートする。
03
04 「経費.xlsx」というファイル名のブックを読み込み、変数wbに代入する。
05 変数wb（ブック）を開いて最初に表示されるシートを取得し、変数wsに代入する。
06 変数ws（シート）の1行目5列目のセルに、文字列「状況」を入力する。
07 入力形式はリスト、入力可能な値は「未精算」「精算中」「精算済み」、規則に違反したらエラーメッセージを表示させるようにして入力規則を作成し、変数validationに代入する。
08 変数validationの範囲に「セルE2〜E4」を追加する。
09 変数ws（シート）の入力規則に、変数validationを追加する。
10 変数wb（ブック）を「経費(入力規則設定後)」というファイル名で保存する。

実行結果

```
C:\Users\fuji_taro\Documents\FPT2413\04>python 4-2-1.py

C:\Users\fuji_taro\Documents\FPT2413\04>
```

　実行すると、プログラムと同じフォルダに新しくExcelのブック「経費(入力規則設定後).xlsx」が作成されます。セルE2〜E4の範囲のセルをクリックするとリストが表示され、「未精算」「精算中」「精算済み」が選択できることを確認しましょう。ここでは、入力規則が設定されたので、リストで表示される「未清算」「精算中」「精算済み」以外の値は入力できなくなります。

　入力規則に違反した値をセルに入力して Enter を押すと、次のようなエラーメッセージが表示されます。

よく起きるエラー

formula1属性で指定する文字列の前後を「'」(シングルクォーテーション) で囲んで、「"」(ダブルクォーテーション) を含めるようにしないと、入力規則が設定されません。

実行結果

```
C:\Users\fuji_taro\Documents\FPT2413\04>python 4-2-1_e1.py

C:\Users\fuji_taro\Documents\FPT2413\04>
```

Excelのブック：経費(入力規則設定後).xlsx

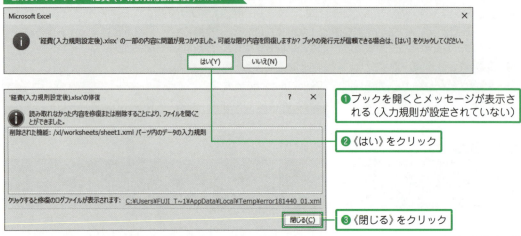

❶ ブックを開くとメッセージが表示される (入力規則が設定されていない)
❷ 《はい》をクリック
❸ 《閉じる》をクリック

- エラーの発生場所：7行目「validation = DataValidation(type="list", formula1="未精算,精算中,精算済み", showErrorMessage=True)」
- エラーの意味　　：入力規則が正しく設定されていない。

プログラム：4-2-1_e1.py

```
01  from openpyxl import load_workbook
02  from openpyxl.worksheet.datavalidation import DataValidation
03
04  wb = load_workbook("経費.xlsx")
05  ws = wb.active
06  ws.cell(row=1, column=5, value="状況")
07  validation = DataValidation(type="list", formula1="未精算,精算中,精算済み",
        showErrorMessage=True)         ← 「'」で前後を囲っていない
08  validation.add("E2:E4")
09  ws.add_data_validation(validation)
10  wb.save("経費(入力規則設定後).xlsx")
```

- 対処方法：formula1属性で指定する文字列の前後を「'」(シングルクォーテーション) で囲む。

4-2-2 条件付き書式の設定

セルに条件付き書式を設定するには、openpyxl.formatting.ruleモジュールの**CellIsRuleクラ**
スを使用します。CellIsRuleオブジェクトを作成して、条件や書式を指定します。Worksheetオブジェ
クトの**conditional_formatting属性**が持つaddメゾッドで、セルの範囲とCellIsRuleオブジェク
トを追加することで、条件付き書式を設定できます。

> ### 条件付き書式の設定
>
> 条件付き書式の設定には、CellIsRuleオブジェクトを作成します。CellIsRuleオブジェクトを作成する際に、
> 条件や書式を指定します。その後、Worksheetオブジェクトのconditional_formatting属性が持つaddメソッ
> ドで、セルの範囲とCellIsRuleオブジェクトを指定して条件付き書式を設定します。
>
> | 構文 | 条件付き書式の変数名 = CellIsRule(operator= 演算子 ， formula= 条件の値のリスト ， fill=PatternFill オブジェクト)
シートの変数名.conditional_formatting.add(セルの範囲 ， 条件付き書式の変数名) |
> |---|---|
>
> **例**：100より大きい値の場合に、色を「FF0000」(赤) の塗りつぶしにする条件付き書式を作成し、変数rule
> に代入する。変数ws (シート) の条件付き書式に、「セルB2〜B4」の範囲で変数ruleを追加する。
>
> ```
> rule = CellIsRule(operator="greaterThan", formula=[100], fill=PatternFill(patternType="
> solid", bgColor="FF0000"))
> ws.conditional_formatting.add("B2:B4", rule)
> ```

CellIsRuleオブジェクトの**operator属性**には、条件に使用する演算子を次のような値で指定できます。

operator属性の設定値

設定値	内容		設定値	内容
"greaterThan"	>		"lessThan"	<
"greaterThanOrEqual"	>=		"lessThanOrEqual"	<=
"equal"	==		"notEqual"	!=

formula属性には、条件に設定する値をリストで指定します。上記の例では、operator属性に
「"greaterThan"」、formula属性に「[100]」を指定しているので、100より大きい値に対して書式
を設定します。なお、formula属性には100の前後に「[ ]」を付けて、リストの形式で指定します。

条件に該当したら適用する書式は、fill属性にPatternFillオブジェクト (P.145参照) を設定します。
なお、patternType属性に「solid」を指定した場合の塗りつぶしの色は、P.146とは異なり、

fgColor属性ではなくbgColor属性を設定する必要があります。

 実践してみよう

　P.137で使用したブック「経費.xlsx」を読み込み、金額の列の値に条件付き書式を設定してみましょう。条件付き書式は、セルD2〜D4に対して、10000以上の値の場合に、色を赤で塗りつぶすように設定します。結果は、新しくブック「経費（条件付き書式設定後）.xlsx」を作成して保存します。

Excelのブック：経費.xlsx

	A	B	C	D	E	F	G	H
1	日付	申請者	項目	金額				
2	2024/12/10	田中太郎	交通費	720				
3	2024/12/26	山田花子	通信費	1440				
4	2025/1/7	佐藤亮一	交際費	36000				
5								

構文の使用例

プログラム：4-2-2.py

```python
01  from openpyxl import load_workbook
02  from openpyxl.formatting.rule import CellIsRule
03  from openpyxl.styles import PatternFill
04
05  wb = load_workbook("経費.xlsx")
06  ws = wb.active
07  rule = CellIsRule(operator="greaterThan", formula=[10000], fill=PatternFill(patternType="solid", bgColor="FF0000"))
08  ws.conditional_formatting.add("D2:D4", rule)
09  wb.save("経費(条件付き書式設定後).xlsx")
```

解説

01 openpyxlライブラリのload_workbook関数をインポートする。
02 openpyxl.formatting.ruleモジュールのCellIsRuleクラスをインポートする。
03 openpyxl.stylesモジュールのPatternFillクラスをインポートする。
04
05 「経費.xlsx」というファイル名のブックを読み込み、変数wbに代入する。
06 変数wb（ブック）を開いて最初に表示されるシートを取得し、変数wsに代入する。
07 10000より大きい値の場合に、色を「FF0000」（赤）の塗りつぶしにする条件付き書式を作成し、変数ruleに代入する。
08 変数ws（シート）の条件付き書式に、「セルD2〜D4」の範囲で変数ruleを追加する。
09 変数wb（ブック）を「経費(条件付き書式設定後)」というファイル名で保存する。

> 実行結果
>
> ```
> C:\Users\fuji_taro\Documents\FPT2413\04>python 4-2-2.py
> C:\Users\fuji_taro\Documents\FPT2413\04>
> ```

　実行すると、プログラムと同じフォルダに新しくExcelのブック「経費（条件付き書式設定後）.xlsx」が作成されます。セルD2〜D4の範囲で「10000より大きい値」の条件に該当する場合に、赤で塗りつぶされていることを確認しましょう。

Excelのブック：経費（条件付き書式設定後）.xlsx

	A	B	C	D	E	F	G	H
1	日付	申請者	項目	金額				
2	2024/12/10	田中太郎	交通費	720				
3	2024/12/26	山田花子	通信費	1440				
4	2025/1/7	佐藤亮一	交際費	36000				
5								

D2・D3 → 条件に該当しないため、赤で塗りつぶされていない
D4 → 条件に該当するため、赤で塗りつぶされている

よく起きるエラー

　formula属性で指定する値は、リストでないとエラーになります。

> 実行結果
>
> ```
> C:\Users\fuji_taro\Documents\FPT2413\04>python 4-2-2_e1.py
> Traceback (most recent call last):
>   File "C:\Users\fuji_taro\Documents\FPT2413\04\4-2-2_e1.py", line 7, in <module>
>     rule = CellIsRule(operator="greaterThan", formula=10000, fill=PatternFill(patternType="solid", bgColor="FF0000"))
>   File "C:\Users\fuji_taro\AppData\Local\Programs\Python\Python313\Lib\site-packages\openpyxl\formatting\rule.py", line 263, in CellIsRule
> ～
>     raise TypeError("Value must be a sequence")
> TypeError: Value must be a sequence
>
> C:\Users\fuji_taro\Documents\FPT2413\04>
> ```

- エラーの発生場所：7行目「rule = CellIsRule(operator="greaterThan", formula=10000, fill=PatternFill(patternType="solid", bgColor="FF0000"))」
- エラーの意味　　：リストで指定すべき値が、リストになっていない。

プログラム：4-2-2_e1.py

```
01  from openpyxl import load_workbook
02  from openpyxl.formatting.rule import CellIsRule
03  from openpyxl.styles import PatternFill
04
05  wb = load_workbook("経費.xlsx")
06  ws = wb.active
07  rule = CellIsRule(operator="greaterThan", formula=10000, fill=PatternFill(patternType="solid", bgColor="FF0000"))
```

→ 前後に「[ ]」が付いていない

```
08  ws.conditional_formatting.add("D2:D4", rule)
09  wb.save("経費(条件付き書式設定後).xlsx")
```

● **対処方法：formula 属性で指定する値は、「[10000]」のようにリストで指定する。**

4-2-3 行表示や列表示の固定の設定

　行や列の表示を固定することができます。行や列の表示を固定するには、Worksheet オブジェクトの
freeze_panes 属性に、固定したいセル番地を指定します。

行表示や列表示の固定の設定

Worksheet オブジェクトの freeze_panes 属性にセル番地を設定すると、セル番地の上の行まで、または左の
列までの表示を固定します。

構文	シートの変数名.freeze_panes = セル番地

例：変数 ws（シート）の 3 行目より上の行まで（2 行目まで）の表示を固定する。

```
ws.freeze_panes = "A3"
```

---

　freeze_panes 属性に A 列のセル番地を設定すると、指定したセルより上の行までの表示が固定され
ます。上記の例のように「A3」を設定すると、1 〜 2 行目までの行の表示が固定されます。
　A 列以外のセル番地を設定すると、指定したセルより左の列までの表示が固定されます。例えば、「C1」
を設定すると、A 〜 B 列までの列の表示が固定されます。
　A 列以外かつ 1 行目以外のセル番地を設定すると、そのセルより上の行と左の列の表示が同時に固定さ
れます。例えば、「C2」を設定すると、1 行目の行の表示と A 〜 B 列までの列の表示が固定されます。

👍 実践してみよう

　ブック「販売データ .xlsx」を読み込み、1 行目の見出しの表示を固定してみましょう。結果は、新しく
ブック「販売データ（行表示固定後）.xlsx」を作成して保存します。

Excel のブック：販売データ.xlsx

	A	B	C	D	E	F	G	H
1	商品名	単価	販売数					
2	アールグレイ	1000	190					
3	アップル	1600	60					
4	キリマンジャロ	1000	110					
5	ダージリン	1200	110					
6	ブレンド	1800	20					
7	モカ	1500	30					
8								

構文の使用例

プログラム：4-2-3.py

```python
01  from openpyxl import load_workbook
02
03  wb = load_workbook("販売データ.xlsx")
04  ws = wb.active
05  ws.freeze_panes = "A2"
06  wb.save("販売データ(行表示固定後).xlsx")
```

解説

01　openpyxlライブラリのload_workbook関数をインポートする。

02

03　「販売データ.xlsx」というファイル名のブックを読み込み、変数wbに代入する。

04　変数wb（ブック）を開いて最初に表示されるシートを取得し、変数wsに代入する。

05　変数ws（シート）の2行目より上の行まで（1行目）の表示を固定する。

06　変数wb（ブック）を「販売データ(行表示固定後)」というファイル名で保存する。

実行結果

```
C:\Users\fuji_taro\Documents\FPT2413\04>python 4-2-3.py

C:\Users\fuji_taro\Documents\FPT2413\04>
```

　実行すると、プログラムと同じフォルダに新しくExcelのブック「販売データ（行表示固定後）.xlsx」が作成されます。ウィンドウを下方向にスクロールして、行見出し（1行目）の表示が固定されていることを確認しましょう。

Excel のブック：販売データ (行表示固定後).xlsx

	A	B	C	D	E
1	商品名	単価	販売数		
2	アールグレイ	1000	190		
3	アップル	1600	60		
4	キリマンジャロ	1000	110		
5	ダージリン	1200	110		
6	ブレンド	1800	20		
7	モカ	1500	30		

	A	B	C	D	E
1	商品名	単価	販売数		
5	ダージリン	1200	110		
6	ブレンド	1800	20		
7	モカ	1500	30		
8					
9					
10					

下方向にスクロールすると、1行目の表示が固定されていることがわかる

4-3 実習問題

この章で学習したことを復習しましょう。
実行結果例となるようなプログラムを、順番に作成していきましょう。

実習問題①

次の実行結果例となるようなプログラムを作成してください。

実行結果例

```
C:\Users\fuji_taro\Documents\FPT2413\04>python 4-3-1_p1.py

C:\Users\fuji_taro\Documents\FPT2413\04>
```

Excel のブック：クラス名簿まとめ.xlsx

 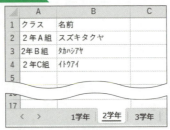 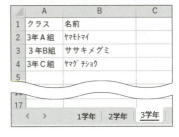

Excel のブック：クラス名簿まとめ (表記統一後).xlsx

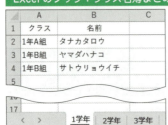 

- 概要　　　：3個のシート「1学年」「2学年」「3学年」を持つブック「クラス名簿まとめ.xlsx」を開き、それぞれのシートに対して半角や全角の表記を統一して、新しくブック「クラス名簿まとめ (表記統一後).xlsx」を作成して保存する。
- 実習ファイル：4-3-1_p1.py、クラス名簿まとめ.xlsx
- 処理の流れ
  ・「クラス名簿まとめ.xlsx」を読み込み、変数 wb に代入する。
  ・変数 wb（ブック）のすべてのシートを、変数 sheet_list に代入する。
  ・for 文で変数 sheet_list のシートに対して繰り返し処理を行い、セル A1～B4 の範囲に混在して入力

されている半角や全角の表記ゆれを統一する。また、見出し（セルA1〜B1の範囲）のセルの値の配置は、水平方向を中央寄せに変更する。さらに、各シートの1行目の見出しの表示を固定する。
・作成する新しいブックは「クラス名簿まとめ（表記統一後）.xlsx」というファイル名で保存する。

📖 解答例

プログラム：4-3-1_p1.py

```
01  import unicodedata
02
03  import openpyxl
04
05  wb = openpyxl.load_workbook("クラス名簿まとめ.xlsx")
06  sheet_list = wb.worksheets
07  for ws in sheet_list:
08      ws.freeze_panes = "A2"
09      ws["A1"].alignment = openpyxl.styles.Alignment(horizontal="center")
10      ws["B1"].alignment = openpyxl.styles.Alignment(horizontal="center")
11      for row in ws["A1:B4"]:
12          for wc in row:
13              wc.value = unicodedata.normalize("NFKC", wc.value)
14  wb.save("クラス名簿まとめ（表記統一後）.xlsx")
```

解説

01	unicodedataライブラリをインポートする。
02	
03	openpyxlライブラリをインポートする。
04	
05	「クラス名簿まとめ.xlsx」というファイル名のブックを読み込み、変数wbに代入する。
06	変数wb（ブック）のすべてのシートを、変数sheet_listに代入する。
07	変数sheet_listから要素を1つずつ変数wsに代入する間繰り返す。
08	変数ws（シート）の2行目より上の行まで（1行目）の表示を固定する。
09	変数ws（シート）のセルA1の値の配置を、水平方向を中央寄せにする。
10	変数ws（シート）のセルB1の値の配置を、水平方向を中央寄せにする。
11	変数ws（シート）のセルA1〜B4の範囲のデータを、1行ずつ変数rowに代入する間繰り返す。
12	変数rowからデータを1セルずつ変数wcに代入する間繰り返す。
13	変数wc（セル）の値を「NFKC」の方式で表記を統一し、変数wcに入力する。
14	変数wb（ブック）を「クラス名簿まとめ（表記統一後）.xlsx」というファイル名で保存する。

　ブック「クラス名簿まとめ.xlsx」が持つすべてのシート「1学年」「2学年」「3学年」に対して処理を行いたい場合には、Workbookクラスのオブジェクトのworksheetsプロパティ（P.100参照）を使用して、6行目ですべてのシートをリストで取得しています。7〜13行目では、for文による繰り返し処理

で、それぞれのシートに対して行見出しの表示を固定したり、表記を統一する処理を行ったりしています。8行目では、Worksheetオブジェクトのfreeze_panes属性にセルA2を設定して、1行目の表示を固定しています（P.166参照）。9～10行目では、openpyxl.stylesモジュールのAlignmentクラスを使用して、見出しの水平方向を中央寄せにしています。さらに、11～13行目では、unicodedataライブラリのnormalize関数（P.154参照）を使用して、セルA1～B4の範囲に入力されているセルの値について、半角や全角の表記ゆれを統一しています。

実習問題②

次の実行結果例となるようなプログラムを作成してください。

実行結果例

```
C:\Users\fuji_taro\Documents\FPT2413\04>python 4-3-2_p1.py

C:\Users\fuji_taro\Documents\FPT2413\04>
```

Excelのブック：経費.xlsx

	A	B	C	D	E	F	G	H
1	日付	申請者	項目	金額				
2	2024/12/10	田中太郎	交通費	720				
3	2024/12/26	山田花子	通信費	1440				
4	2025/1/7	佐藤亮一	交際費	36000				
5								

Excelのブック：経費(書式一括設定後).xlsx

	A	B	C	D	E	F	G	H
1	日付	申請者	項目	金額				
2	2024/12/10(火)	田中太郎	交通費	720				
3	2024/12/26(木)	山田花子	通信費	1,440				
4	2025/01/07(火)	佐藤亮一	交際費	36,000				
5								

- 概要 ：ブック「経費.xlsx」を開き、シートに様々な書式設定を行い、新しくブック「経費(書式一括設定後).xlsx」を作成して保存する。
- 実習ファイル：4-3-2_p1.py、経費.xlsx
- 処理の流れ
  - 「経費.xlsx」を読み込み、変数wbに代入する。
  - 変数wb（ブック）で最初に表示されるシートを、変数wsに代入する。
  - 変数ws（シート）のA列の幅を「16」に変更する。
  - 変数ws（シート）のセルD2～D4の範囲に対して、5000以下の値の場合に、色を水色で塗りつぶすように条件付き書式を設定する。
  - 変数ws（シート）のセルA1～D1の範囲に、色を薄い灰で塗りつぶすように設定する。
  - 見出し（セルA1～D1の範囲）のセルの値の配置は、水平方向を中央寄せに変更する。

- 変数ws（シート）のセルA2〜A4の範囲の値の表示形式を「yyyy/mm/dd(aaa)」にする。
- 変数ws（シート）のセルD2〜D4の範囲の値の表示形式を「#,###」にする。
- 変数ws（シート）のセルA1〜D4の範囲のすべてのセルに対して、上下左右の位置に表示される罫線を太線で設定する。
- 変数wb（ブック）を「経費（書式一括設定後）.xlsx」というファイル名で保存する。

📋 解答例

プログラム：4-3-2_p1.py

```
01  from openpyxl import load_workbook
02  from openpyxl.formatting.rule import CellIsRule
03  from openpyxl.styles import Alignment, Border, PatternFill, Side
04
05  wb = load_workbook("経費.xlsx")
06  ws = wb.active
07  ws.column_dimensions["A"].width = 16
08  rule = CellIsRule(operator="lessThanOrEqual", formula=[5000], fill=PatternFill(patternType="solid", bgColor="00FFFF"))
09  ws.conditional_formatting.add("D2:D4", rule)
10  pattern = PatternFill(patternType="solid", fgColor="B0B0B0")
11  for row in ws["A1:D1"]:
12      for wc in row:
13          wc.fill = pattern
14          wc.alignment = Alignment(horizontal="center")
15  for row in ws["A2:A4"]:
16      for wc in row:
17          wc.number_format = "yyyy/mm/dd(aaa)"
18  for row in ws["D2:D4"]:
19      for wc in row:
20          wc.number_format = "#,###"
21  side = Side(style="thick")
22  border_all = Border(top=side, bottom=side, left=side, right=side)
23  for row in ws["A1:D4"]:
24      for wc in row:
25          wc.border = border_all
26  wb.save("経費(書式一括設定後).xlsx")
```

解説

01 openpyxlライブラリのload_workbook関数をインポートする。

02 openpyxl.formatting.ruleモジュールのCellIsRuleクラスをインポートする。

03 openpyxl.stylesモジュールのAlignmentクラス、Borderクラス、PatternFillクラス、Sideクラスをインポートする。

04	
05	「経費.xlsx」というファイル名のブックを読み込み、変数wbに代入する。
06	変数wb（ブック）を開いて最初に表示されるシートを取得し、変数wsに代入する。
07	変数ws（シート）のA列の幅を「16」に設定する。
08	5000以下の値の場合に、色を「00FFFF」（水色）の塗りつぶしにする条件付き書式を作成し、変数ruleに代入する。
09	変数ws（シート）の条件付き書式に、「セルD2～D4」の範囲で変数ruleを追加する。
10	色を「B0B0B0」（薄い灰）の塗りつぶしで作成し、変数patternに代入する。
11	変数ws（シート）のセルA1～D1の範囲のデータを、1行ずつ変数rowに代入する間繰り返す。
12	変数rowからデータを1セルずつ変数wcに代入する間繰り返す。
13	変数wc（セル）の色に、変数patternを代入する。
14	変数wc（セル）の値の配置を、水平方向を中央寄せにする。
15	変数ws（シート）のセルA2～A4の範囲のデータを、1行ずつ変数rowに代入する間繰り返す。
16	変数rowからデータを1セルずつ変数wcに代入する間繰り返す。
17	変数wc（セル）の値の表示形式を「yyyy/mm/dd(aaa)」に設定する。
18	変数ws（シート）のセルD2～D4の範囲のデータを、1行ずつ変数rowに代入する間繰り返す。
19	変数rowからデータを1セルずつ変数wcに代入する間繰り返す。
20	変数wc（セル）の値の表示形式を「#,###」に設定する。
21	罫線を太線で作成し、変数sideに代入する。
22	変数sideの罫線を上下左右の位置に表示するように設定し、変数border_allに代入する。
23	変数ws（シート）のセルA1～D4の範囲のデータを、1行ずつ変数rowに代入する間繰り返す。
24	変数rowからデータを1セルずつ変数wcに代入する間繰り返す。
25	変数wc（セル）の罫線に、変数border_allを代入する。
26	変数wb（ブック）を「経費(書式一括設定後).xlsx」というファイル名で保存する。

　ここでは、4章で学習した様々な書式を設定しています。

　7行目では、列の幅をWorksheetオブジェクトのcolumn_dimensions属性が持つwidth属性（P.149参照）で設定しています。

　8～10行目では、「セルD2～D4」の範囲に対して、セルの値が5000以下の場合に水色で塗りつぶすように、条件付き書式を設定しています。条件付き書式の設定は、CellIsRuleクラスのオブジェクト（P.163参照）を使用します。

　11～14行目では、「セルA1～D1」の範囲に対して、各セルの色の設定と、各セルの値の配置の設定をしています。セルの色の設定はPatternFillクラスのオブジェクト（P.145参照）を使用し、セルの値の配置の設定はAlignmentクラスのオブジェクト（P.134参照）を使用します。

　15～20行目では、「セルA2～A4」と「セルD2～D4」の範囲に対して、それぞれの値の表示形式を設定しています。Cellオブジェクトのnumber_format属性（P.137参照）を使い、「セルA2～A4」の範囲には「yyyy/mm/dd (aaa)」、「セルD2～D4」の範囲には「#,###」の表示形式を設定しています。なお、日付の表示形式で「(aaa)」を設定すると、「(火)」のように曜日が表示されます。

　21～25行目では、「セルA1～D4」の範囲に罫線の設定をしています。SideクラスとBorderクラスのオブジェクト（P.141参照）を使用して、罫線を太線で各セルの上下左右に表示されるように設定しています。

第5章

PythonでExcelのグラフを作成する

5-1 グラフの作成

Excelでは、グラフを作成する機会がよくあります。ここでは、Pythonを使って、Excelファイルのデータからグラフを作成する方法について説明します。

5-1-1 グラフを作成する流れ

Pythonを使って、Excelのグラフを作成する大まかな流れは、次のとおりです。

- ①グラフに使うデータの参照範囲を定義する
- ②グラフのオブジェクトを作成し、データの参照範囲を設定する
- ③必要に応じて、グラフにラベルなどを設定する
- ④シートにグラフを作成する

グラフを作成するには、まずopenpyxl.chartモジュールの**Referenceクラス**を使用します。Referenceオブジェクトを作成し、グラフのデータとして使う参照範囲を定義します。

グラフに使うデータの参照範囲の定義

Referenceオブジェクトを作成することで、グラフのデータとして使う参照範囲を定義します。

 参照範囲の変数名 = Reference(シートの変数名 , min_col= 開始位置の列番号 , min_row= 開始位置の行番号 , max_col= 終了位置の列番号 , max_row= 終了位置の行番号)

例：変数ws（シート）の2行目2列目から4行目2列目までの参照範囲を指定して、変数dataに代入する。

```
data = Reference(ws, min_col=2, min_row=2, max_col=2, max_row=4)
```

グラフのデータとして使う参照範囲のほかに、グラフの各項目のラベルとして使う参照範囲を定義する場合も、Referenceオブジェクトを使用します。例えば、P.90で使用したブック「売上.xlsx」に対し、グラフのデータとして使う参照範囲と、グラフのラベルとして使う参照範囲を定義する場合は、次のように記述します。変数dataにはグラフのデータとして使う参照範囲を、変数labelにはグラフのラベルとして使う参照範囲を代入します。

```
data = Reference(ws, min_col=2, min_row=1, max_col=2, max_row=4)
label = Reference(ws, min_col=1, min_row=2, max_col=1, max_row=4)
```

Excel のブック：売上 .xlsx

	A	B	C	D	E	F	G	H
1	品名	売上金額						
2	鉛筆	10209						
3	消しゴム	7125						
4	ノート	3038						
5								

グラフのデータとして使う
参照範囲（変数dataに代入）

グラフのラベルとして使う
参照範囲（変数labelに代入）

5-1-2 棒グラフの作成

棒グラフの作成には、openpyxl.chartモジュールの**BarChartクラス**を使用します。BarChart
オブジェクトを作成し、**add_dataメソッド**でReferenceオブジェクト（定義済みのデータの参照範囲）
を指定して、グラフのデータとして使う参照範囲を設定します。その後、Worksheetオブジェクトの
add_chartメソッドで、シートに棒グラフを作成します。

棒グラフの作成

棒グラフの作成には、BarChartオブジェクトを作成してtype属性に「col」を設定します。続いて、add_
dataメソッドの引数にReferenceオブジェクトを設定します。Worksheetオブジェクトのadd_chartメソッ
ドで、BarChartオブジェクトとグラフを追加するセル番地を指定して、シートに棒グラフを作成します。

構文
```
棒グラフの変数名 = BarChart()
棒グラフの変数名.type = "col"
棒グラフの変数名.add_data( 参照範囲の変数名 [, from_rows=True,
titles_from_data=True])
シートの変数名.add_chart( 棒グラフの変数名 , セル番地 )
```

例：棒グラフのオブジェクトを作成し、変数barに代入する。変数barの形式を「col」（棒グラフ）に設定する。
　　変数data（参照範囲）を、1行目を見出しに指定して、変数barのデータとして設定する。変数ws（シート）
　　のセルD1に、変数barの棒グラフを作成する。

```
bar = BarChart()
bar.type = "col"
bar.add_data(data, titles_from_data=True)
ws.add_chart(bar, "D1")
```

175

add_dataメソッドのキーワード引数「titles_from_data」に「True」を設定すると、データの参照範囲の1行目を見出しとして指定できるよ。見出しに設定したセルの値は、グラフの種類にもよるけれど、主にグラフの右側に表示されるよ。

BarChartオブジェクトの**type属性**には、棒グラフの向きについて、次のような値を設定できます。

type属性の設定値

設定値	内容
col	棒グラフ（縦棒グラフ）
bar	横棒グラフ

ラベルや軸の設定

グラフの各項目にラベルを設定するには、BarChartオブジェクトの**set_categoriesメソッド**で、ラベルとして設定する参照範囲であるReferenceオブジェクトを指定します。

```
棒グラフの変数名.set_categories(参照範囲の変数名)
```

グラフの軸の名前を設定することもできます。X軸（横軸）の名前を設定するには、BarChartオブジェクトの**x_axis属性**が持つ**title属性**に、Y軸（縦軸）の名前を設定するにはBarChartオブジェクトの**y_axis属性**が持つ**title属性**に、それぞれ設定したい名前を代入します。なお、グラフそのもののタイトルを設定するには、BarChartオブジェクトの**title属性**に、設定したいタイトルを代入します。

```
グラフの変数名.x_axis.title = X軸の名前
グラフの変数名.y_axis.title = Y軸の名前
グラフの変数名.title = グラフのタイトル
```

実践してみよう

P.90で使用したブック「売上.xlsx」を読み込み、棒グラフを作成してみましょう。データの参照範囲はセルB1～B4を、ラベルの参照範囲はセルA2～A4を指定して、棒グラフはセルD1に作成します。結果は、新しくブック「売上（棒グラフ作成後）.xlsx」を作成して保存します。なお、読み込むブック「売上.xlsx」には3つのシートが存在しますが、一番左のシート「売上_1月」がアクティブになっており、このシート上で棒グラフを作成します。

Excel のブック：売上 .xlsx

	A	B	C	D	E	F	G	H
1	品名	売上金額						
2	鉛筆	10209						
3	消しゴム	7125						
4	ノート	3038						
17								

`< >` 　売上_1月　売上_2月　売上_3月　＋

📋 構文の使用例

プログラム：5-1-2_1.py

```python
01  from openpyxl import load_workbook
02  from openpyxl.chart import BarChart, Reference
03
04  wb = load_workbook("売上.xlsx")
05  ws = wb.active
06  data = Reference(ws, min_col=2, min_row=1, max_col=2, max_row=4)
07  label = Reference(ws, min_col=1, min_row=2, max_col=1, max_row=4)
08  bar = BarChart()
09  bar.type = "col"
10  bar.add_data(data, titles_from_data=True)
11  bar.set_categories(label)
12  bar.x_axis.title = "品名"
13  bar.y_axis.title = "売上金額"
14  bar.title = "商品別売上金額"
15  ws.add_chart(bar, "D1")
16  wb.save("売上(棒グラフ作成後).xlsx")
```

解説

01　openpyxlライブラリのload_workbook関数をインポートする。

02　openpyxl.chartモジュールのBarChartクラスとReferenceクラスをインポートする。

03

04　「売上.xlsx」というファイル名のブックを読み込み、変数wbに代入する。

05　変数wb（ブック）を開いて最初に表示されるシートを取得し、変数wsに代入する。

06　変数ws（シート）の1行目2列目から4行目2列目までの参照範囲を指定して、変数dataに代入する。

07　変数ws（シート）の2行目1列目から4行目1列目までの参照範囲を指定して、変数labelに代入する。

08　棒グラフのオブジェクトを作成し、変数barに代入する。

09　変数barの形式を「col」（棒グラフ）に設定する。

10　変数dataの参照範囲を、1行目を見出しに指定して、変数barのデータとして設定する。

11　変数labelの参照範囲を、変数barのラベルとして設定する。

12　変数barのX軸（横軸）の名前に「品名」を設定する。

13　変数barのY軸（縦軸）の名前に「売上金額」を設定する。

14	変数barのグラフのタイトルに「商品別売上金額」を設定する。
15	変数ws（シート）のセルD1に、変数barの棒グラフを作成する。
16	変数wb（ブック）を「売上（棒グラフ作成後）.xlsx」というファイル名で保存する。

実行結果

```
C:\Users\fuji_taro\Documents\FPT2413\05>python 5-1-2_1.py

C:\Users\fuji_taro\Documents\FPT2413\05>
```

　実行すると、プログラムと同じフォルダに新しくExcelのブック「売上（棒グラフ作成後）.xlsx」が作成されます。シート「売上_1月」のセルD1に、指定したとおりに、棒グラフが作成されていることを確認しましょう。

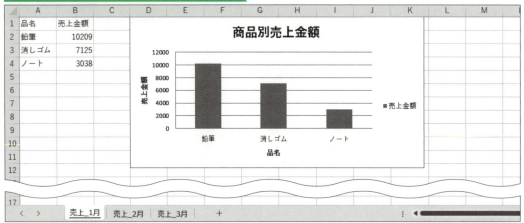

Excelのブック：売上（棒グラフ作成後）.xlsx

> **Reference**
>
> **openpyxlのバージョンとグラフの表示について**
>
> 2025年2月時点で、openpyxlの最新バージョンである3.1.5には、X軸やY軸の表示に関して不具合があるため、本書でのグラフの作成は3.1.3の環境で動作させています。特定のバージョンのopenpyxlの環境にする場合は、コマンドプロンプトに次のように入力し、まず現在利用しているopenpyxlをアンインストールします。なお、入力後に「Proceed (Y/n) ?」と表示されるので Enter を押します。
>
> ```
> pip uninstall openpyxl
> ```
>
> 正常にアンインストールされたら、次のように「openpyxl」に続けて「==」と入力し、インストールする「バージョン番号」（ここでは3.1.3）を入力して、特定のバージョンのopenpyxlをインストールします。
>
> ```
> pip install openpyxl==3.1.3
> ```
>
> インストールしたあとは、「pip list」コマンドを入力して、指定したバージョンのopenpyxlがインストールされていることを確認します（P.68参照）。

よく起きるエラー

データの存在しないセルが、データの参照範囲に含まれていると、空白のグラフ領域ができます。

実行結果

```
C:\Users\fuji_taro\Documents\FPT2413\05>python 5-1-2_1_e1.py

C:\Users\fuji_taro\Documents\FPT2413\05>
```

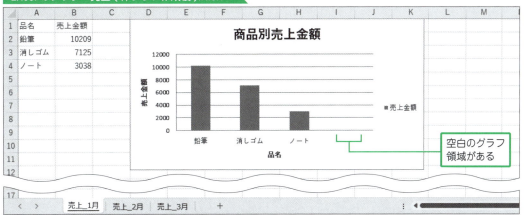

Excelのブック：売上(棒グラフ作成後).xlsx

空白のグラフ領域がある

- エラーの発生場所：6行目「data = Reference(ws, min_col=2, min_row=1, max_col=2, max_row=5)」
- エラーの意味　　：空白のセルがデータの参照範囲に含まれている（セルB5が含まれている）。

プログラム：5-1-2_1_e1.py

```
  :       :
05 ws = wb.active
06 data = Reference(ws, min_col=2, min_row=1, max_col=2, max_row=5)
07 label = Reference(ws, min_col=1, min_row=2, max_col=1, max_row=4)
08 bar = BarChart()
  :       :
```

「4」を誤って「5」と記述している

- 対処方法：データが含まれる範囲だけを、データの参照範囲に指定する。

Worksheetオブジェクトのmax_rowプロパティで「ws.max_row」のように指定すると、シート内でデータが含まれる最大の行番号を取得できるよ。同じように、列の方もWorksheetオブジェクトの、max_columnプロパティで「ws.max_column」のように指定して、シート内でデータが含まれる最大の列番号が取得できるんだ。

横棒グラフの作成

BarChartオブジェクトの **type属性** に「bar」を設定すると、横棒グラフを作成できます。横棒グラフの場合、x_axis.title属性で設定した名前がX軸（縦軸）に反映され、y_axis.title属性で設定した名前がY軸（横軸）に反映されます。

プログラム「5-1-2_1.py」の9行目のtype属性の設定を、「col」から「bar」に変更するだけで、横棒グラフになるよ。

プログラム：5-1-2_2.py

```
08  bar = BarChart()
09  bar.type = "bar"                              ← type属性に「bar」を設定する
10  bar.add_data(data, titles_from_data=True)
16  wb.save("売上(横棒グラフ作成後).xlsx")          ← ファイル名を変更する
```

実行結果

```
C:\Users\fuji_taro\Documents\FPT2413\05>python 5-1-2_2.py
C:\Users\fuji_taro\Documents\FPT2413\05>
```

実行すると、プログラムと同じフォルダに新しくExcelのブック「売上(横棒グラフ作成後).xlsx」が作成されます。横になった形で棒グラフが作成されていることを確認しましょう。X軸に設定した名前「品名」が縦軸に反映され、Y軸に設定した名前「売上金額」が横軸に反映されていることも確認しておきましょう。

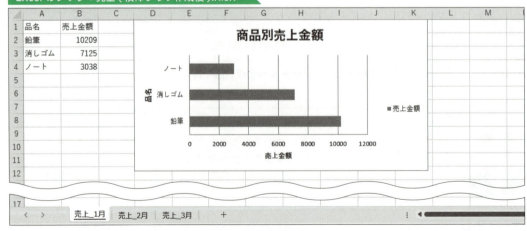

積み上げ棒グラフの作成

BarChartオブジェクトの**type属性**に「col」、**grouping属性**に「stacked」、**overlap属性**に「100」を設定することで、積み上げ棒グラフを作成できます。

次のようなブック「売上まとめ.xlsx」を読み込み、積み上げ棒グラフを作成してみましょう。データの参照範囲はセルB1～D4に広げて指定し、棒グラフはセルF1に作成します。結果は、新しくブック「売上まとめ（積み上げ棒グラフ作成後）.xlsx」を作成して保存します。

なお、プログラムの6～7行目では「max_col=4」の代わりに「max_col=ws.max_column」を指定し、「max_row=4」の代わりに「max_row=ws.max_row」を指定して動作を確認します。

Excel のブック：売上まとめ .xlsx

	A	B	C	D	E	F	G
1	品名	1月売上金額	2月売上金額	3月売上金額			
2	鉛筆	10209	7553	9296			
3	消しゴム	7125	8375	7625			
4	ノート	3038	6076	4410			
5							
6							

プログラム：5-1-2_3.py

```python
01  from openpyxl import load_workbook
02  from openpyxl.chart import BarChart, Reference
03
04  wb = load_workbook("売上まとめ.xlsx")
05  ws = wb.active
06  data = Reference(ws, min_col=2, min_row=1, max_col=ws.max_column, max_row=ws.max_row)
07  label = Reference(ws, min_col=1, min_row=2, max_col=1, max_row=ws.max_row)
08  bar = BarChart()
09  bar.type = "col"            type属性に「col」を設定する
10  bar.grouping = "stacked"    grouping属性に「stacked」を設定する
11  bar.overlap = 100           overlap属性に「100」を設定する
12  bar.add_data(data, titles_from_data=True)
13  bar.set_categories(label)
14  bar.x_axis.title = "品名"
15  bar.y_axis.title = "売上金額"
16  bar.title = "商品別売上金額"
17  ws.add_chart(bar, "F1")
18  wb.save("売上まとめ（積み上げ棒グラフ作成後）.xlsx")
```

実行結果

```
C:\Users\fuji_taro\Documents\FPT2413\05>python 5-1-2_3.py

C:\Users\fuji_taro\Documents\FPT2413\05>
```

実行すると、プログラムと同じフォルダに新しくExcelのブック「売上まとめ（積み上げ棒グラフ作成後）.xlsx」が作成されます。ラベル（鉛筆、消しゴム、ノート）ごとに、「1月売上金額」「2月売上金額」「3月売上金額」のデータが積み上げた形で、棒グラフが作成されていることを確認しましょう。

Excelのブック：売上まとめ（積み上げ棒グラフ作成後）.xlsx

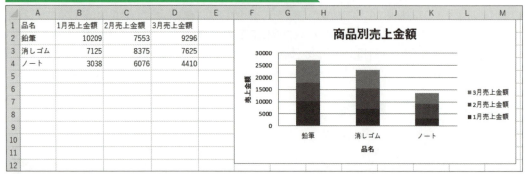

もし、上記のプログラムにoverlap属性の指定をしなかった（11行目の記述をしなかった）場合は、次のように積み上げ棒グラフにはなりません。

プログラム：5-1-2_4.py

```
10  bar.grouping = "stacked"
11  bar.add_data(data, titles_from_data=True)       ← overlap属性を指定する行を記述していない
    ⋮
17  wb.save("売上まとめ(積み上げ棒グラフ作成後_2).xlsx")   ← ファイル名を変更する
```

実行結果

```
C:\Users\fuji_taro\Documents\FPT2413\05>python 5-1-2_4.py

C:\Users\fuji_taro\Documents\FPT2413\05>
```

Excelのブック：売上まとめ（積み上げ棒グラフ作成後_2）.xlsx

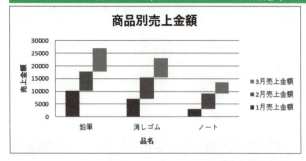

overlap属性に指定する設定値は、重なり加減を意味します。指定できる設定値の範囲は「-100」～「100」で、「100」を設定すると完全に重なり、「30」を設定すると30％が重なります。なお、overlap属性を指定しなかった場合は、「0」が設定されたことになり、このグラフのように完全に重ならない状態になります。

5-1-3 円グラフの作成

円グラフの作成には、openpyxl.chartモジュールの**PieChartクラス**を使用します。PieChartオブジェクトを作成し、add_dataメソッドでReferenceオブジェクト（定義済みのデータの参照範囲）を指定して、グラフのデータとして使う参照範囲を設定します。その後、Worksheetオブジェクトのadd_chartメソッドで、シートに円グラフを作成します。

円グラフの作成

円グラフの作成には、PieChartオブジェクトを作成して、add_dataメソッドの引数にReferenceオブジェクトを設定します。Worksheetオブジェクトのadd_chartメソッドで、PieChartオブジェクトとグラフを追加するセル番地を指定して、シートに円グラフを作成します。

構文
```
円グラフの変数名 = PieChart()
円グラフの変数名.add_data( 参照範囲の変数名 [, from_rows=True,
titles_from_data=True])
シートの変数名.add_chart( 円グラフの変数名 , セル番地 )
```

例：円グラフのオブジェクトを作成し、変数pieに代入する。変数data（参照範囲）を、1行目を見出しに指定して、変数pieのデータとして設定する。変数ws（シート）のセルD1に、変数pieの円グラフを作成する。

```
pie = PieChart()
pie.add_data(data, titles_from_data=True)
ws.add_chart(pie, "D1")
```

円グラフに、全データのうちの各項目が占める割合を表示させたい場合には、openpyxl.chart.labelモジュールの**DataLabelListクラス**を使用します。DataLabelListオブジェクトを作成し、showPercent属性にTrueを設定して、PieChartオブジェクトのdataLabels属性に代入します。

```
円グラフの変数名.dataLabels = DataLabelList(showPercent=True)
```

実践してみよう

　P.90で使用したブック「売上.xlsx」を読み込み、円グラフを作成してみましょう。データの参照範囲はセルB1～B4を、ラベルの参照範囲はセルA2～A4を指定して、円グラフはセルD1に作成します。結果は、新しくブック「売上（円グラフ作成後）.xlsx」を作成して保存します。なお、読み込むブック「売上.xlsx」には3つのシートが存在しますが、一番左のシート「売上_1月」がアクティブになっており、このシート上で円グラフを作成します。

Excelのブック：売上.xlsx

	A	B
1	品名	売上金額
2	鉛筆	10209
3	消しゴム	7125
4	ノート	3038

シート：売上_1月　売上_2月　売上_3月

構文の使用例

プログラム：5-1-3.py

```python
from openpyxl import load_workbook
from openpyxl.chart import PieChart, Reference
from openpyxl.chart.label import DataLabelList

wb = load_workbook("売上.xlsx")
ws = wb.active
data = Reference(ws, min_col=2, min_row=1, max_col=2, max_row=4)
label = Reference(ws, min_col=1, min_row=2, max_col=1, max_row=4)
pie = PieChart()
pie.add_data(data, titles_from_data=True)
pie.set_categories(label)
pie.title = "商品別売上金額"
pie.dataLabels = DataLabelList(showPercent=True)
ws.add_chart(pie, "D1")
wb.save("売上(円グラフ作成後).xlsx")
```

解説

01　openpyxlライブラリのload_workbook関数をインポートする。
02　openpyxl.chartモジュールのPieChartクラスとReferenceクラスをインポートする。
03　openpyxl.chart.labelモジュールのDataLabelListクラスをインポートする。

04	
05	「売上.xlsx」というファイル名のブックを読み込み、変数wbに代入する。
06	変数wb（ブック）を開いて最初に表示されるシートを取得し、変数wsに代入する。
07	変数ws（シート）の1行目2列目から4行目2列目までの参照範囲を指定して、変数dataに代入する。
08	変数ws（シート）の2行目1列目から4行目1列目までの参照範囲を指定して、変数labelに代入する。
09	円グラフのオブジェクトを作成し、変数pieに代入する。
10	変数dataの参照範囲を、1行目を見出しに指定して、変数pieのデータとして設定する。
11	変数labelの参照範囲を、変数pieのラベルとして設定する。
12	変数pieのグラフのタイトルに「商品別売上金額」を設定する。
13	変数pieのグラフに、全データのうちの各項目が占める割合を表示する。
14	変数ws（シート）のセルD1に、変数pieの円グラフを作成する。
15	変数wb（ブック）を「売上(円グラフ作成後).xlsx」というファイル名で保存する。

実行結果

```
C:\Users\fuji_taro\Documents\FPT2413\05>python 5-1-3.py

C:\Users\fuji_taro\Documents\FPT2413\05>
```

　実行すると、プログラムと同じフォルダに新しくExcelのブック「売上（円グラフ作成後）.xlsx」が作成されます。シート「売上_1月」のセルD1に、指定したとおりに、円グラフが作成されていることを確認しましょう。

Excelのブック：売上（円グラフ作成後）.xlsx

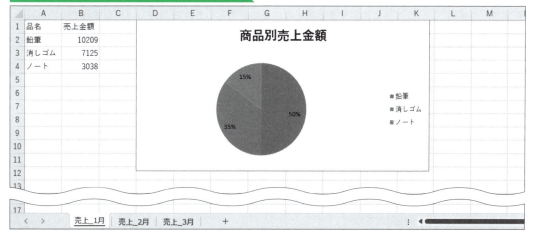

円グラフは、全データのうち、各項目が占める割合が把握しやすいグラフだね。

よく起きるエラー

ラベルに指定する参照範囲のセルが不足していると、空白のラベルができます。

実行結果

```
C:\Users\fuji_taro\Documents\FPT2413\05>python 5-1-3_e1.py

C:\Users\fuji_taro\Documents\FPT2413\05>
```

Excel のブック:売上(円グラフ作成後).xlsx

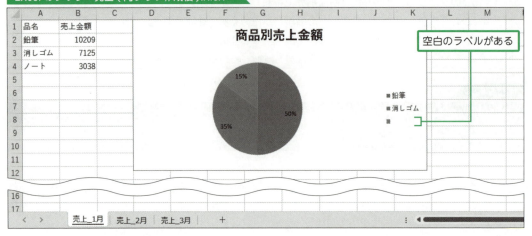

- エラーの発生場所:8行目「label = Reference(ws, min_col=1, min_row=2, max_col=1, max_row=3)」
- エラーの意味　　:ラベルに指定する参照範囲のセルが不足している(セルA4が含まれていない)。

プログラム:5-1-3_e1.py

```
   :
   :
05 wb = load_workbook("売上.xlsx")
06 ws = wb.active
07 data = Reference(ws, min_col=2, min_row=1, max_col=2, max_row=4)
08 label = Reference(ws, min_col=1, min_row=2, max_col=1, max_row=3)  ← 「4」を誤って「3」
09 pie = PieChart()                                                       と記述している
10 pie.add_data(data, titles_from_data=True)
11 pie.set_categories(label)
12 pie.title = "商品別売上金額"
13 pie.dataLabels = DataLabelList(showPercent=True)
14 ws.add_chart(pie, "D1")
15 wb.save("売上(円グラフ作成後).xlsx")
```

- 対処方法:グラフのラベルの参照範囲は、データの参照範囲に対応するように指定する。

5-1-4 折れ線グラフの作成

折れ線グラフの作成には、openpyxl.chartモジュールの**LineChartクラス**を使用します。LineChartオブジェクトを作成し、add_dataメソッドでReferenceオブジェクト（定義済みのデータの参照範囲）を指定して、グラフのデータとして使う参照範囲を設定します。その後、Worksheetオブジェクトのadd_chartメソッドで、シートに折れ線グラフを作成します。

折れ線グラフの作成

折れ線グラフの作成には、LineChartオブジェクトを作成して、add_dataメソッドの引数にReferenceオブジェクトを設定します。Worksheetオブジェクトのadd_chartメソッドで、LineChartオブジェクトとグラフを追加するセル番地を指定して、シートに折れ線グラフを作成します。

構文
```
折れ線グラフの変数名 = LineChart()
折れ線グラフの変数名.add_data( 参照範囲の変数名 [, from_rows=True, titles_from_data=True])
シートの変数名.add_chart( 折れ線グラフの変数名 , セル番地 )
```

例：折れ線グラフのオブジェクトを作成し、変数lineに代入する。変数data（参照範囲）を、1行目を見出しに指定して、変数lineのデータとして設定する。変数ws（シート）のセルD1に、変数lineの折れ線グラフを作成する。

```
line = LineChart()
line.add_data(data, titles_from_data=True)
ws.add_chart(line, "D1")
```

折れ線グラフは、時系列の推移を表現するのに向いているグラフだよ。

　P.181で使用したブック「売上まとめ.xlsx」を読み込み、折れ線グラフを作成してみましょう。データの参照範囲はセルA2～D4を、ラベルの参照範囲はセルB1～D1を指定して、折れ線グラフはセルF1に作成します。結果は、新しくブック「売上まとめ（折れ線グラフ作成後）.xlsx」を作成して保存します。

Excelのブック：売上まとめ.xlsx

	A	B	C	D	E	F	G
1	品名	1月売上金額	2月売上金額	3月売上金額			
2	鉛筆	10209	7553	9296			
3	消しゴム	7125	8375	7625			
4	ノート	3038	6076	4410			
5							
6							

構文の使用例

プログラム：5-1-4.py

```python
from openpyxl import load_workbook
from openpyxl.chart import LineChart, Reference

wb = load_workbook("売上まとめ.xlsx")
ws = wb.active
data = Reference(ws, min_col=1, min_row=2, max_col=4, max_row=4)
label = Reference(ws, min_col=2, min_row=1, max_col=4, max_row=1)
line = LineChart()
line.add_data(data, from_rows=True, titles_from_data=True)
line.set_categories(label)
line.x_axis.title = "月"
line.y_axis.title = "売上金額"
line.title = "月別売上金額"
ws.add_chart(line, "F1")
wb.save("売上まとめ(折れ線グラフ作成後).xlsx")
```

解説

01　openpyxlライブラリのload_workbook関数をインポートする。
02　openpyxl.chartモジュールのLineChartクラスとReferenceクラスをインポートする。
03
04　「売上まとめ.xlsx」というファイル名のブックを読み込み、変数wbに代入する。
05　変数wb（ブック）を開いて最初に表示されるシートを取得し、変数wsに代入する。
06　変数ws（シート）の2行目1列目から4行目4列目までの参照範囲を指定して、変数dataに代入する。
07　変数ws（シート）の1行目2列目から1行目4列目までの参照範囲を指定して、変数labelに代入する。

08 折れ線グラフのオブジェクトを作成し、変数lineに代入する。
09 変数dataの参照範囲を、行ごとに読み込んで、1列目を見出しに指定して、変数lineのデータとして設定する。
10 変数labelの参照範囲を、変数lineのラベルとして設定する。
11 変数lineのX軸（横軸）の名前に「月」を設定する。
12 変数lineのY軸（縦軸）の名前に「売上金額」を設定する。
13 変数lineのグラフのタイトルに「月別売上金額」を設定する。
14 変数ws（シート）のセルF1に、変数lineの折れ線グラフを作成する。
15 変数wb（ブック）を「売上まとめ(折れ線グラフ作成後).xlsx」というファイル名で保存する。

実行結果

```
C:\Users\fuji_taro\Documents\FPT2413\05>python 5-1-4.py
C:\Users\fuji_taro\Documents\FPT2413\05>
```

　実行すると、プログラムと同じフォルダに新しくExcelのブック「売上まとめ（折れ線グラフ作成後）.xlsx」が作成されます。シート「売上_1月」のセルF1に、指定したとおりに、折れ線グラフが作成されていることを確認しましょう。

Excelのブック：売上まとめ（折れ線グラフ作成後）.xlsx

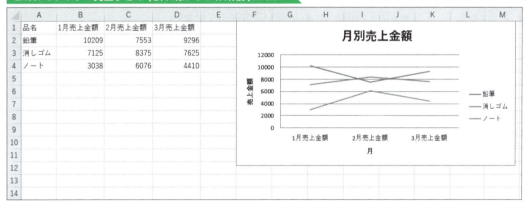

add_dataメソッドにキーワード引数「from_rows」を指定できるよ。このキーワード引数に「True」を設定すると、データを行ごとに読み込むよ。今までの指定しない場合（既定）では、データを列ごとに読み込むよ。ちょっと難しいけど、動きの違いに注意してね。

よく起きるエラー •

　キーワード引数「from_rows」に「True」を指定しないで、折れ線グラフのデータの参照範囲を設定すると、意図しない折れ線グラフが作成されます。

実行結果

```
C:\Users\fuji_taro\Documents\FPT2413\05>python 5-1-4_e1.py

C:\Users\fuji_taro\Documents\FPT2413\05>
```

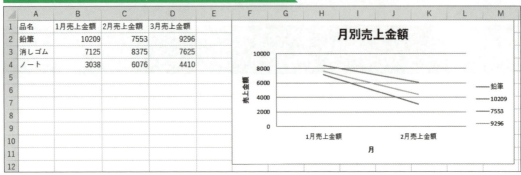

Excelのブック：売上まとめ（折れ線グラフ作成後）.xlsx

- エラーの発生場所：9行目「line.add_data(data, titles_from_data=True)」
- エラーの意味　　：キーワード引数「from_rows」を指定していない。

プログラム：5-1-4_e1.py

```
04  wb = load_workbook("売上まとめ.xlsx")
05  ws = wb.active
06  data = Reference(ws, min_col=1, min_row=2, max_col=4, max_row=4)
07  label = Reference(ws, min_col=2, min_row=1, max_col=4, max_row=1)
08  line = LineChart()
09  line.add_data(data, titles_from_data=True)　　──「from_rows=True」が記述されていない
10  line.set_categories(label)
11  line.x_axis.title = "月"
```

- 対処方法：9行目に「from_rows=True,」の記述を追加する。

> 行ごとに読み込んでいない（列ごとに読み込んでいる）ので、A列、B列、C列、D列のデータがグラフとして表示され、見出しもセルA2〜D2の「鉛筆」「10209」「7553」「9296」と意図しないものになっているよ。ここでは、品名の項目（セルA2〜A4の「鉛筆」「消しゴム」「ノート」）を見出しにしたいので、「from_rows=True」を指定して行ごとに読み込む必要があるんだ。

5-2 グラフの体裁の変更

Pythonを使って、Excelのグラフの体裁を変更して、見やすくすることも可能です。ここでは、グラフのサイズの変更や、凡例の位置などといったグラフの書式設定を変更する方法について説明します。

5-2-1 グラフのサイズの変更

グラフのサイズを変更するには、グラフのオブジェクトが持つ**width属性**と**height属性**で、グラフの幅と高さを設定します。

グラフのサイズの変更

グラフのオブジェクトが持つwidth属性でグラフの幅を、height属性でグラフの高さを設定できます。

構文
グラフの変数名.width = グラフの幅
グラフの変数名.height = グラフの高さ

例：変数bar（棒グラフ）の幅を「20」に設定し、高さを「10」に設定する。

```
bar.width = 20
bar.height = 10
```

グラフの幅と高さに使われるサイズは、「cm」の単位で設定するよ。

 実践してみよう

P.90で使用したブック「売上.xlsx」を読み込み、棒グラフを作成してサイズを変更してみましょう。ここでは、棒グラフを作成するプログラム「5-1-2_1.py」（P.177参照）に対して、グラフの幅を「12」、高さを「6」に変更します。結果は、新しくブック「売上（棒グラフサイズ変更後）.xlsx」を作成して保存します。なお、読み込むブック「売上.xlsx」には3つのシートが存在しますが、一番左のシート「売上_1月」がアクティブになっており、このシート上で棒グラフを作成します。

次のプログラムの緑色の部分が、追加・変更したソースコードです。

Excel のブック：売上.xlsx

	A	B	C	D	E	F	G	H
1	品名	売上金額						
2	鉛筆	10209						
3	消しゴム	7125						
4	ノート	3038						
5								
6								
17								

`< >`　売上_1月　売上_2月　売上_3月　＋

📋 構文の使用例

プログラム：5-2-1.py

```python
01  from openpyxl import load_workbook
02  from openpyxl.chart import BarChart, Reference
03
04  wb = load_workbook("売上.xlsx")
05  ws = wb.active
06  data = Reference(ws, min_col=2, min_row=1, max_col=2, max_row=4)
07  label = Reference(ws, min_col=1, min_row=2, max_col=1, max_row=4)
08  bar = BarChart()
09  bar.type = "col"
10  bar.add_data(data, titles_from_data=True)
11  bar.set_categories(label)
12  bar.x_axis.title = "品名"
13  bar.y_axis.title = "売上金額"
14  bar.title = "商品別売上金額"
15  bar.width = 12
16  bar.height = 6
17  ws.add_chart(bar, "D1")
18  wb.save("売上(棒グラフサイズ変更後).xlsx")
```

15・16行目 ── プログラム 5-1-2_1.pyに対して、この2行を追加している

18行目 ── ファイル名を変更する

解説

⋮　　⋮

15　変数barの幅を「12」に設定する。

16　変数barの高さを「6」に設定する。

17　変数ws（シート）のセルD1に、変数barの棒グラフを作成する。

18　変数wb（ブック）を「売上(棒グラフサイズ変更後).xlsx」というファイル名で保存する。

192

実行結果

```
C:\Users\fuji_taro\Documents\FPT2413\05>python 5-2-1.py

C:\Users\fuji_taro\Documents\FPT2413\05>
```

　実行すると、プログラムと同じフォルダに新しくExcelのブック「売上（棒グラフサイズ変更後）.xlsx」が作成されます。棒グラフのサイズがP.178で作成した「売上（棒グラフ作成後）.xlsx」の棒グラフと比較して、幅が「12」に、高さが「6」に変更されていることを確認しましょう。

　ここで作成されたグラフ（下のグラフ）は、グラフのサイズを指定しないグラフ（上のグラフ）と比較して、やや縮小された形になっていることが確認できます。

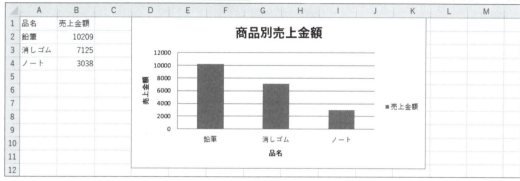

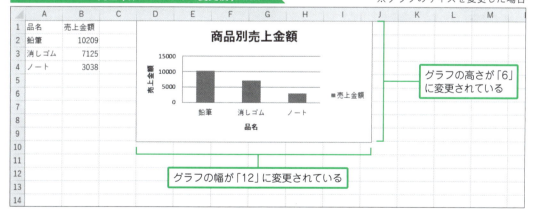

5-2-2 グラフの書式設定

グラフのサイズ（幅や高さ）の変更のほかにも、様々なグラフの書式を設定できます。例えば、凡例の位置を変更するには、グラフのオブジェクトが持つlegend属性の**position属性**を使用します。

凡例の位置の変更

グラフのオブジェクトが持つlegend.position属性に値を設定することで、凡例の位置を変更できます。

構文	グラフの変数名`.legend.position = 凡例の位置`

例：変数bar（棒グラフ）の凡例の位置を、「グラフの下」に設定する。

```
bar.legend.position = "b"
```

なお、**凡例**とは、グラフのデータの色が何を表すのかを示す情報のことで、デフォルトではグラフの右に作成されます。凡例の位置は、次のような値が設定できます。

legend.position属性の設定値

設定値	内容
t	グラフの上
b	グラフの下
l	グラフの左
r	グラフの右
tr	グラフの右上

凡例の位置のほかにも、次のようなグラフの書式の設定が可能です。

グラフの書式の属性例

属性例	意味
varyColors	Trueを設定するとグラフの項目ごとに色を変更する。
x_axis.scaling.min	X軸を持つグラフで、X軸の最小値を設定する。
x_axis.scaling.max	X軸を持つグラフで、X軸の最大値を設定する。
y_axis.scaling.min	Y軸を持つグラフで、Y軸の最小値を設定する。
y_axis.scaling.max	Y軸を持つグラフで、Y軸の最大値を設定する。

上記の属性例のうち、「varyColors属性」に「True」を設定することで、グラフの項目ごとに色を変更することが可能ですが、それぞれの項目の色は自動的に指定されるため、任意の色は指定できません。

もし、グラフの項目ごとの色を任意に指定したい場合は、openpyxl.chart.seriesモジュールの**DataPointクラス**をインポートして使用します。DataPointオブジェクトの**idx属性**に、グラフの項目の番号を指定して（項目の番号は0から開始して1、2、……と続きます）DataPointオブジェクトを作成し、DataPointオブジェクトの**graphicalProperties.solidFill属性**（塗りつぶしの色の属性）にカラーコード（P.146参照）を設定します。その後、BarChartオブジェクト（棒グラフの変数名）のseries属性の0番目のインデックスが持つ**dPt属性**のappendメソッドで、引数にDataPointオブジェクトを指定することで、グラフの項目の色を任意に指定できます。

DataPointオブジェクトの変数名 = DataPoint(idx=項目の番号)
DataPointオブジェクトの変数名.graphicalProperties.solidFill = カラーコード
棒グラフの変数名.series[0].dPt.append(DataPointオブジェクトの変数名)

🖕 実践してみよう

P.90で使用したブック「売上.xlsx」を読み込み、グラフの書式を設定してみましょう。ここでは、棒グラフを作成するプログラム「5-1-2_1.py」（P.177参照）に対して、凡例の位置を「グラフの左」に、項目ごとに色を変更するように（ただし左から「薄い灰色」「水色」「赤」の順で変更する）、Y軸（縦軸）の最小値を「2000」に、Y軸（縦軸）の最大値を「15000」に設定します。結果は、新しくブック「売上（棒グラフ書式設定後）.xlsx」を作成して保存します。なお、読み込むブック「売上.xlsx」には3つのシートが存在しますが、一番左のシート「売上_1月」がアクティブになっており、このシート上で棒グラフを作成します。

次のプログラムの緑色の部分が、追加・変更したソースコードです。

Excelのブック：売上.xlsx

	A	B	C	D	E	F	G	H
1	品名	売上金額						
2	鉛筆	10209						
3	消しゴム	7125						
4	ノート	3038						
5								

売上_1月　売上_2月　売上_3月　＋

📋 構文の使用例

プログラム：5-2-2.py

```
01  from openpyxl import load_workbook
02  from openpyxl.chart import BarChart, Reference
```

```
03  from openpyxl.chart.series import DataPoint
04
05  wb = load_workbook("売上.xlsx")
⋮      ⋮
15  bar.title = "商品別売上金額"
16  bar.legend.position = "l"
17  colors = ["B0B0B0", "00FFFF", "FF0000"]
18  for i in range(3):
19      point = DataPoint(idx=i)
20      point.graphicalProperties.solidFill = colors[i]
21      bar.series[0].dPt.append(point)
22  bar.y_axis.scaling.min = 2000
23  bar.y_axis.scaling.max = 15000
24  ws.add_chart(bar, "D1")
25  wb.save("売上(棒グラフ書式設定後).xlsx")
```

プログラム 5-1-2_1.pyに対して、ソースコードを追加している

ファイル名を変更する

解説

⋮   ⋮

03 openpyxl.chart.seriesモジュールのDataPointクラスをインポートする。

⋮   ⋮

16 変数barの凡例の位置を、「グラフの左」(小文字のエル)に設定する。

17 変数colorsに、文字列「B0B0B0」「00FFFF」「FF0000」を要素とするリストを代入する。

18 「0~2」の範囲内の数値を1つずつ変数iに代入する間繰り返す。

19   変数pointに、「変数iの値」番目のグラフの項目のDataPointオブジェクトを代入する。

20   変数pointの塗りつぶしの色に、変数colorsの「変数iの値」番目のカラーコードを設定する。

21   変数barの棒グラフの項目の色の設定に、変数pointを追加する。

22 変数barのY軸(縦軸)の最小値を「2000」に設定する。

23 変数barのY軸(縦軸)の最大値を「15000」に設定する。

24 変数ws(シート)のセルD1に、変数barの棒グラフを作成する。

25 変数wb(ブック)を「売上(棒グラフ書式設定後).xlsx」というファイル名で保存する。

実行結果

```
C:\Users\fuji_taro\Documents\FPT2413\05>python 5-2-2.py

C:\Users\fuji_taro\Documents\FPT2413\05>
```

　実行すると、プログラムと同じフォルダに新しくExcelのブック「売上(棒グラフ書式設定後).xlsx」が作成されます。棒グラフの書式がP.178で作成した「売上(棒グラフ作成後).xlsx」の棒グラフと比較して、凡例の位置が「グラフの左」に、項目ごとに指定した色(左の項目から「薄い灰色」「水色」「赤」の順)に変更され、Y軸(縦軸)の最小値が「2000」に、Y軸(縦軸)の最大値が「15000」に変更されていることを確認しましょう。

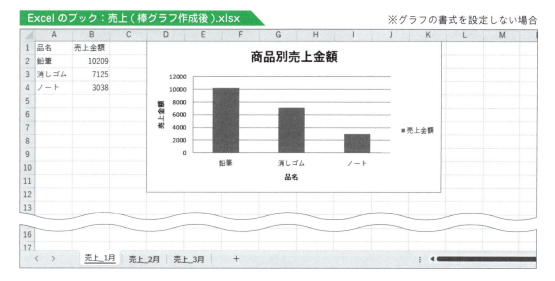

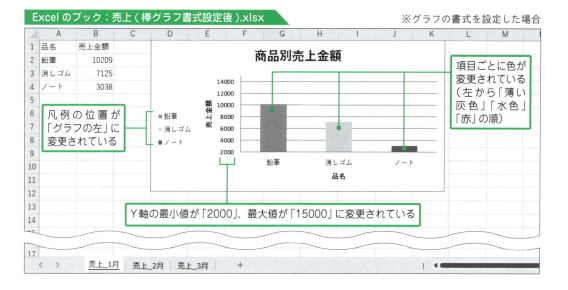

項目の色が、DataPointオブジェクトを使用して指定した色（左から「薄い灰色」「水色」「赤」の順）に変更されているよ。また、項目の色と連動して凡例の色も変わっていることを確認しよう。

5-3 実習問題

この章で学習したことを復習しましょう。
実行結果例となるようなプログラムを、順番に作成していきましょう。

実習問題①

次の実行結果例となるようなプログラムを作成してください。

実行結果例

```
C:\Users\fuji_taro\Documents\FPT2413\05>python 5-3-1_p1.py

C:\Users\fuji_taro\Documents\FPT2413\05>
```

Excel のブック：売上(棒グラフ複数作成後).xlsx

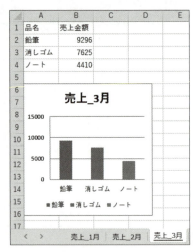

- 概要　　　：3個のシート「売上_1月」「売上_2月」「売上_3月」を持つブック「売上.xlsx」を開き、それぞれのシートに対して棒グラフを作成し、新しくブック「売上(棒グラフ複数作成後).xlsx」を作成して保存する。
- 実習ファイル：5-3-1_p1.py、売上.xlsx
- 処理の流れ
  - 「売上.xlsx」を読み込み、変数wbに代入する。
  - 変数wb（ブック）のすべてのシートを、変数sheet_listに代入する。
  - for文で変数sheet_listのシートに対して繰り返し処理を行い、各シートに棒グラフを作成する。
  - セルB1~B4までの参照範囲を、棒グラフのデータに設定する。なお、参照範囲の1行目は見出しとして設定する。

- セルA2〜A4までの参照範囲を、棒グラフのラベルに設定する。
- 棒グラフのタイトルに、各シートのシート名を設定する。
- 棒グラフの幅を「7」、高さを「7」に設定する。
- 棒グラフの凡例の位置は、「グラフの下」に設定する。
- 棒グラフの項目ごとに色を変更するように設定する。
- 棒グラフのY軸（縦軸）の最大値を「15000」に設定する。
- 棒グラフは各シートのセルA6に作成する。
- 作成する新しいブックは「売上（棒グラフ複数作成後）.xlsx」というファイル名で保存する。

📋 解答例

プログラム：5-3-1_p1.py

```python
01  from openpyxl import load_workbook
02  from openpyxl.chart import BarChart, Reference
03
04  wb = load_workbook("売上.xlsx")
05  sheet_list = wb.worksheets
06  for ws in sheet_list:
07      data = Reference(ws, min_col=2, min_row=1, max_col=2, max_row=4)
08      label = Reference(ws, min_col=1, min_row=2, max_col=1, max_row=4)
09      bar = BarChart()
10      bar.type = "col"
11      bar.add_data(data, titles_from_data=True)
12      bar.set_categories(label)
13      bar.title = ws.title
14      bar.width = 7
15      bar.height = 7
16      bar.legend.position = "b"
17      bar.varyColors = True
18      bar.y_axis.scaling.max = 15000
19      ws.add_chart(bar, "A6")
20  wb.save("売上(棒グラフ複数作成後).xlsx")
```

解説

01 openpyxlライブラリのload_workbook関数をインポートする。

02 openpyxl.chartモジュールのBarChartクラスとReferenceクラスをインポートする。

03

04 「売上.xlsx」というファイル名のブックを読み込み、変数wbに代入する。

05 変数wb（ブック）のすべてのシートを、変数sheet_listに代入する。

06 変数sheet_listから要素を1つずつ変数wsに代入する間繰り返す。

07 変数ws（シート）の1行目2列目から4行目2列目までの参照範囲を指定して、変数dataに代入する。

08	変数ws（シート）の2行目1列目から4行目1列目までの参照範囲を指定して、変数labelに代入する。
09	棒グラフのオブジェクトを作成し、変数barに代入する。
10	変数barの形式を「col」（棒グラフ）に設定する。
11	変数dataの参照範囲を、1行目を見出しに指定して、変数barのデータとして設定する。
12	変数labelの参照範囲を、変数barのラベルとして設定する。
13	変数barのグラフのタイトルに、変数ws（シート）のシート名を設定する。
14	変数barの幅を「7」に設定する。
15	変数barの高さを「7」に設定する。
16	変数barの凡例の位置を、「グラフの下」に設定する。
17	変数barの項目ごとに色を変更するように設定する。
18	変数barのY軸（縦軸）の最大値を「15000」に設定する。
19	変数ws（シート）のセルA6に、変数barの棒グラフを作成する。
20	変数wb（ブック）を「売上(棒グラフ複数作成後).xlsx」というファイル名で保存する。

　ブック「売上.xlsx」が持つ3個のシート「売上_1月」「売上_2月」「売上_3月」に対して処理を行いたい場合には、Workbookオブジェクトのworksheetsプロパティ（P.100参照）を使用して、5行目ですべてのシートをリストで取得しています。

　6～18行目では、for文による繰り返し処理で、それぞれのシートに対して、棒グラフを作成する処理をしています。

　7行目では、変数dataに1行目2列目から4行目2列目までの参照範囲を設定しています。8行目では、変数labelに2行目1列目から4行目1列目までの参照範囲を設定しています。9～12行目では、棒グラフを作成して変数barに代入し、変数barに対して、データやラベルを設定しています（P.175参照）。

　13行目では、グラフのタイトルの設定で、Worksheetオブジェクトのtitleプロパティ（P.96参照）でシート名を取得し、代入しています。14～15行目では、グラフの幅に「7」、高さに「7」を設定しています（P.191参照）。

　16～18行目では、凡例の位置を「グラフの下」に、項目ごとに色を変更するように、Y軸（縦軸）の最大値を「15000」に設定しています（P.194参照）。

　最後に19行目で、変数bar（棒グラフ）をセルA6に作成するようにしています。

 実習問題②

次の実行結果例となるようなプログラムを作成してください。

実行結果例

```
C:\Users\fuji_taro\Documents\FPT2413\05>python 5-3-2_p1.py

C:\Users\fuji_taro\Documents\FPT2413\05>
```

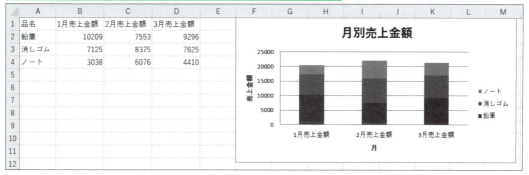

- 概要 ：ブック「売上まとめ.xlsx」を開き、1月～3月の売上金額ごとに積み上げ棒グラフを作成し、新しくブック「売上まとめ(月別積み上げ棒グラフ作成後).xlsx」を作成して保存する。
- 実習ファイル：5-3-2_p1.py、売上まとめ.xlsx
- 処理の流れ
  - 「売上まとめ.xlsx」を読み込み、変数wbに代入する。
  - 変数wb（ブック）で最初に表示されるシートを、変数wsに代入する。
  - セルA2～D4までの参照範囲を、積み上げ棒グラフのデータに設定する。なお、参照範囲は行ごとに読み込むようにして、1列目は見出しとして設定する。
  - セルB1～D1までの参照範囲を、積み上げ棒グラフのラベルに設定する。
  - 積み上げ棒グラフのタイトルに「月別売上金額」を設定する。
  - 積み上げ棒グラフのX軸（横軸）の名前に「月」、Y軸（縦軸）の名前に「売上金額」を設定する。
  - 積み上げ棒グラフはセルF1に作成する。
  - 作成する新しいブックは「売上まとめ(月別積み上げ棒グラフ作成後).xlsx」というファイル名で保存する。

解答例

プログラム：5-3-2_p1.py

```python
from openpyxl import load_workbook
from openpyxl.chart import BarChart, Reference

wb = load_workbook("売上まとめ.xlsx")
ws = wb.active
data = Reference(ws, min_col=1, min_row=2, max_col=4, max_row=4)
label = Reference(ws, min_col=2, min_row=1, max_col=4, max_row=1)
bar = BarChart()
bar.type = "col"
bar.grouping = "stacked"
bar.overlap = 100
bar.add_data(data, from_rows=True, titles_from_data=True)
bar.set_categories(label)
```

```
14  bar.x_axis.title = "月"
15  bar.y_axis.title = "売上金額"
16  bar.title = "月別売上金額"
17  ws.add_chart(bar, "F1")
18  wb.save("売上まとめ(月別積み上げ棒グラフ作成後).xlsx")
```

解説

01 openpyxlライブラリのload_workbook関数をインポートする。

02 openpyxl.chartモジュールのBarChartクラスとReferenceクラスをインポートする。

03

04 「売上まとめ.xlsx」というファイル名のブックを読み込み、変数wbに代入する。

05 変数wb（ブック）を開いて最初に表示されるシートを取得し、変数wsに代入する。

06 変数ws（シート）の2行目1列目から4行目4列目までの参照範囲を指定して、変数dataに代入する。

07 変数ws（シート）の1行目2列目から1行目4列目までの参照範囲を指定して、変数labelに代入する。

08 棒グラフのオブジェクトを作成し、変数barに代入する。

09 変数barの形式を「col」（棒グラフ）に設定する。

10 変数barの棒グラフを「stacked」（積み重なるよう）に設定する。

11 変数barの棒グラフを「100」（完全に重なるよう）に設定する。

12 変数dataの参照範囲を、行ごとに読み込んで、1列目を見出しに指定して、変数barのデータとして設定する。

13 変数labelの参照範囲を、変数barのラベルとして設定する。

14 変数barのX軸（横軸）の名前に「月」を設定する。

15 変数barのY軸（縦軸）の名前に「売上金額」を設定する。

16 変数barのグラフのタイトルに「月別売上金額」を設定する。

17 変数ws（シート）のセルF1に、変数barの積み上げ棒グラフを作成する。

18 変数wb（ブック）を「売上まとめ(月別積み上げ棒グラフ作成後).xlsx」というファイル名で保存する。

6〜16行目では、積み上げ棒グラフを作成する処理をしています。

6行目では、変数dataに2行目1列目から4行目4列目までの参照範囲を設定しています。7行目では、変数labelに1行目2列目から1行目4列目までの参照範囲を設定しています。8行目では棒グラフを作成して変数barに代入し、9〜11行目では積み上げ棒グラフにするための設定をしています（P.181参照）。12〜13行目では、変数barに対して、データやラベルを設定しています（P.175参照）。

14〜16行目では、X軸（横軸）の名前に「月」を、Y軸（縦軸）の名前に「売上金額」を、グラフのタイトルに「月別売上金額」を設定しています（P.176参照）。

最後に17行目で、変数bar（積み上げ棒グラフ）をセルF1に作成するようにしています。

なお、12行目では、add_dataメソッドのキーワード引数「from_rows」に「True」を設定し、データを行ごとに読み込んで積み上げ棒グラフを作成しています。行ごとに読み込んでいるため、キーワード引数「titles_from_data」に「True」を設定したときの見出しは、先頭のデータ、つまり1列目のデータ（セルA2の「鉛筆」、セルA3の「消しゴム」、セルA4の「ノート」）となります。P.181のプログラム「5-1-2_3.py」（キーワード引数「from_rows」の設定がない）との動作の違いを確認してみてください。

実践

Pythonで業務の
自動化を実践する

実践 1 売上レポートの作成

業務シーンを想定して、Pythonを使ったExcelファイルの操作の自動化を行います。まずは、売上レポートの作成について概要を確認して、順番にプログラムを作成していきましょう。

売上レポートの作成の概要

飲料品を販売しているA社では、商品ごとに売上データが、CSVファイルに毎日作成されています。
まず、日ごとに作成された「ある期間の複数のCSVファイル」のデータを読み込み、新しくExcelのブック（一時ファイルとする）を作成して、読み込んだデータを転記して保存します。次に、売上レポート用として新しくExcelのブック（売上レポートとする）を作成して、作成済みのExcelのブック（一時ファイル）からデータを転記して、日ごとの売上データの表を作成します。売上レポートは体裁を整えて、さらにシートの追加や編集を行います。その次に、表のデータを基にしてグラフを作成し、売上レポートを完成させます。最後に、売上レポートをPDFファイルに出力（保存）します。

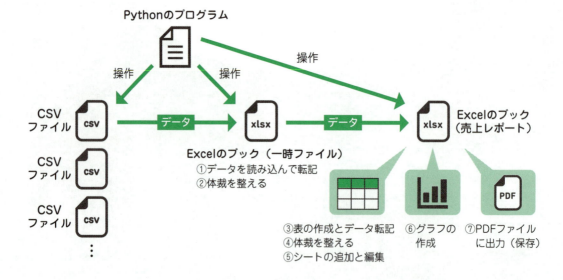

売上レポートを作るために、毎回これだけの処理を手作業で行うのは大変だね。
Pythonを使って自動化するよ。
それでは①～⑦の手順で、段階的にPythonのプログラムを作っていくよ。

このような一連の作業が自動化できれば、業務の効率化につながります。具体的な処理の手順は、次のとおりです。

①CSVファイルからExcelのブックへのデータ転記

フォルダ「売上データ_2月_第1週」に格納されている日ごとのCSVファイル「2月●日.csv」をすべて読み込み、新しくExcelのブック「飲料売上(2月_第1週).xlsx」（一時ファイルとする）を作成します。なお、Excelのブックには、CSVファイルごと（日ごと）に対応するシートを作成し、データを転記して保存します。

②Excelのブックに書式の設定

ブック「飲料売上(2月_第1週).xlsx 」の各シートの体裁（書式）を整えます。

③売上レポートに表の作成とデータ転記

ブック「飲料売上(2月_第1週).xlsx」の各シートを読み込み、新しくExcelのブック「飲料売上レポート(2月_第1週).xlsx」（これを売上レポートとする）を作成します。なお、各シートの「商品名」と「税抜の売上金額」のデータを読み込み、ブック「飲料売上レポート(2月_第1週).xlsx」に表を作成して、日ごとにデータを一覧で見られるように整理（データを転記）して保存します。

④売上レポートに書式の設定

ブック「飲料売上レポート(2月_第1週).xlsx 」の体裁（書式）を整えます。

⑤売上レポートにシートの追加と編集

ブック「飲料売上レポート(2月_第1週).xlsx」にシートをコピーして、体裁（書式）を整えます。なお、ブック「飲料売上(2月_第1週).xlsx」の各シートの「税込の売上金額」のデータを読み込み、ブック「飲料売上レポート(2月_第1週).xlsx」のコピーしたシートの表を編集し、保存します。

⑥売上レポートに積み上げ棒グラフの作成

ブック「飲料売上レポート(2月_第1週).xlsx」の各シートに、それぞれのシートの表のデータを基にして、積み上げ棒グラフを作成します。

⑦売上レポートをPDFファイルとして保存

完成したブック「飲料売上レポート(2月_第1週).xlsx」の各シートを基に、PDFファイル「飲料売上レポート(2月_第1週). pdf」を作成（出力）します。

それでは、以降で1つ1つの手順を見ていきます。プログラムを順番に作成していきましょう。

① CSVファイルからExcelのブックへのデータ転記

次のような、日ごとの売上データが記録されたCSVファイル「2月1日.csv」を扱うと想定します。このファイルは、2月1日の売上データであることを意味します。

CSVファイル：2月1日.csv

```
001 商品名,単価,数量,軽減税率対象
002 ミネラルウォーター 24本,3552,10,※
003 炭酸水 24本,4512,2,※
```

004	炭酸水レモン 24本,4752,5,※
005	特選緑茶 24本,5040,7,※
006	アップルビネガードリンク 24本,5688,3,※
007	ビールMUGI 24本,6912,7,
008	クラフトビールPureBlack 24本,7680,5,
009	クラフトビールPureSilk 24本,7680,6,

このCSVファイルと同じような形式で記録された、フォルダ「売上データ_2月_第1週」に格納されている「2月1日.csv」から「2月5日.csv」までの5つのファイルを読み込み、新しくExcelのブック「飲料売上（2月_第1週）.xlsx」を作成してデータを転記します。

なお、Excelのブックには、CSVファイルごと（日ごと）に、対応するシートを作成して保存します。その際、シートの名前は、os.pathモジュールの**basename関数**で引数に「CSVファイルの名前」を指定し、最後尾の文字列「.csv」を削除して作成します。こうすることで、売上日を示したシート名にすることが可能です。「os.path.basename（CSVファイルの名前）[:-4]」のように指定すると、最後尾の「.csv」の文字列を削除した文字列を取得できます。例えば、CSVファイルの名前が「2月1日.csv」の場合は、「2月1日」を取得します。

また、同時にE列には税抜の売上金額を計算して入力し、F列には税込の売上金額を計算して入力します。ここで、税込の売上金額の計算は、軽減税率対象に「※」が付いていたら8％の税率で計算し、それ以外は10％の税率で計算します。

プログラム：6-1_1.py

```python
001 import csv
002 import os
003 import pathlib
004
005 from openpyxl import Workbook
006
007 wb_a = Workbook()
008 path = pathlib.Path("売上データ_2月_第1週")
009 ws_a = wb_a.active
010 csv_list = sorted(path.glob("2月?日.csv"))
011 for name in csv_list:
012     ws_a.title = os.path.basename(name)[:-4]
013     with open(name, "r", encoding="utf8") as file:
014         row_num = 0
015         for row in csv.reader(file):
016             ws_a.append(row)
017             row_num += 1
018             if row_num == 1:
019                 ws_a.cell(row=row_num, column=5, value="売上金額(税抜)")
020                 ws_a.cell(row=row_num, column=6, value="売上金額(税込)")
```

```python
021             else:
022                 price = int(ws_a.cell(row=row_num, column=2).value)
023                 quantity = int(ws_a.cell(row=row_num, column=3).value)
024                 sales = price * quantity
025                 ws_a.cell(row=row_num, column=5, value=sales)
026                 if ws_a.cell(row=row_num, column=4).value == "※":
027                     ws_a.cell(row=row_num, column=6, value=sales*1.08)
028                 else:
029                     ws_a.cell(row=row_num, column=6, value=sales*1.1)
030     if len(wb_a.sheetnames) < len(csv_list):
031         ws_a = wb_a.create_sheet()
032 wb_a.save("飲料売上(2月_第1週).xlsx")
```

解説

001 csvライブラリをインポートする。

002 osライブラリをインポートする。

003 pathlibライブラリをインポートする。

004

005 openpyxlライブラリのWorkbookクラスをインポートする。

006

007 Workbookクラスのオブジェクト（ブック）を生成し、変数wb_aに代入する。

008 フォルダ「売上データ_2月_第1週」の情報を取得し、変数pathに代入する。

009 変数wb_a（ブック）を開いて最初に表示されるシートを取得し、変数ws_aに代入する。

010 変数pathのフォルダにある「2月?日.csv」に当てはまるファイルを検索して順番に並べて、変数csv_listに代入する。

011 変数csv_listから、要素を1つずつ変数nameに代入する間繰り返す。

012 　　変数nameの値（ファイル名）の文字列の最初の1文字目から最後の5文字目（終了位置は-4番目-1）までを取得して、変数ws_a（シート）のシート名に設定する。

013 　　変数nameの値のファイルをモード「r」、文字コード「utf8」を指定して開き、変数fileに代入する。

014 　　変数row_numに数値「0」を代入する。

015 　　変数fileの値をiterator型に変換した結果の要素を、1行ずつ変数rowに代入する間繰り返す。

016 　　　　変数ws_a（シート）に、変数rowの値を追記する。

017 　　　　変数row_numの値に数値「1」を足した結果を、変数row_numに代入する。

018 　　　　変数row_numの値が、数値「1」と等しい場合、次の処理を実行する。

019 　　　　　　変数ws_a（シート）の「変数row_numの値」行目、5列目のセルに、文字列「売上金額(税抜)」を入力する。

020 　　　　　　変数ws_a（シート）の「変数row_numの値」行目、6列目のセルに、文字列「売上金額(税込)」を入力する。

021 　　　　それ以外の場合、次の処理を実行する。

207

022	変数ws_a（シート）の「変数row_numの値」行目、2列目のセルの値を数値に変換した結果を、変数priceに代入する。
023	変数ws_a（シート）の「変数row_numの値」行目、3列目のセルの値を数値に変換した結果を、変数quantityに代入する。
024	変数salesに、変数priceの値に変数quantityの値を掛けた結果を代入する。
025	変数ws_a（シート）の「変数row_numの値」行目、5列目のセルに、変数salesの値を入力する。
026	変数ws_a（シート）の「変数row_numの値」行目、4列目のセルの値が、文字列「※」と等しい場合、次の処理を実行する。
027	変数ws_a（シート）の「変数row_numの値」行目、6列目のセルに、変数salesの値に数値「1.08」を掛けた結果を入力する。
028	それ以外の場合、次の処理を実行する。
029	変数ws_a（シート）の「変数row_numの値」行目、6列目のセルに、変数salesの値に数値「1.1」を掛けた結果を入力する。
030	変数wb_a（ブック）のシートの数が、変数csv_listの要素数より小さい場合、次の処理を実行する。
031	変数wb_a（ブック）の最後に新しいシートを追加し、変数ws_aに代入する。
032	変数wb_a（ブック）を「飲料売上(2月_第1週).xlsx」というファイル名で保存する。

実行結果

```
C:\Users\fuji_taro\Documents\FPT2413\06>python 6-1_1.py

C:\Users\fuji_taro\Documents\FPT2413\06>
```

　実行すると、プログラムと同じフォルダに新しくExcelのブック「飲料売上（2月_第1週）.xlsx」が作成されます。フォルダ「売上データ_2月_第1週」に格納されている日ごとのCSVファイルは5つ存在するので、ブックにはそれに対応するシートが5つ作成されます。ブックの5つのシートすべてが正しく作成されていることを確認しましょう。

　また、E列には税抜の売上金額が正しく計算されて入力され、F列には税込の売上金額が正しく計算されて入力されていることも確認しましょう。F列の税込の売上金額は、D列の軽減税率対象が「※」になっている商品は単価の1.08倍で計算され、それ以外は単価の1.1倍で計算されていることがわかります。

Excelのブック：飲料売上（2月_第1週）.xlsx

A列～D列にデータが転記されている
E列とF列には計算した結果が入力されている

5つのシートが作成されている

② Excel のブックに書式の設定

ブック「飲料売上（2月_第1週）.xlsx」の各シートの体裁（書式）を整えましょう。

ここでは、すべてのシートに対して、列の幅を設定しています。A列は、入力された値の右側が隠れているので、表示できるようにするため、列の幅に「30」を設定しています。D〜F列は見出しの右側が隠れているので、表示できるようにするため、列の幅に「14」を設定しています。

P.206のプログラム「6-1_1.py」をコピーして新しくプログラム「6-1_2.py」を作成し、32行目以降にプログラムを追記していきます。次のプログラムの緑色の部分が、追加したソースコードです。

プログラム：6-1_2.py

```
 ⋮      ⋮
031        ws_a = wb_a.create_sheet()
032
033 sheet_list = wb_a.worksheets
034 for ws in sheet_list:
035     ws.column_dimensions["A"].width = 30
036     ws.column_dimensions["D"].width = 14
037     ws.column_dimensions["E"].width = 14
038     ws.column_dimensions["F"].width = 14
039 wb_a.save("飲料売上(2月_第1週).xlsx")
```

解説

```
 ⋮      ⋮
```
033 変数wb_a（ブック）のすべてのシートを、変数sheet_listに代入する。

034 変数sheet_listから要素を1つずつ変数wsに代入する間繰り返す。

035 　変数ws（シート）のA列の幅を「30」に設定する。

036 　変数ws（シート）のD列の幅を「14」に設定する。

037 　変数ws（シート）のE列の幅を「14」に設定する。

038 　変数ws（シート）のF列の幅を「14」に設定する。

```
 ⋮      ⋮
```

実行結果

```
C:\Users\fuji_taro\Documents\FPT2413\06>python 6-1_2.py

C:\Users\fuji_taro\Documents\FPT2413\06>
```

実行すると、プログラムと同じフォルダに新しくブック「飲料売上（2月_第1週）.xlsx」が作成されます。A列の幅が「30」に変更され、隠れていた値が表示されていることを確認しましょう。同様に、D〜F列の幅も「14」に変更され、隠れていた見出しが表示されていることを確認しましょう。なお、すべてのシートに対して体裁が整えられていることを確認しましょう。

Excel のブック：飲料売上（2月_第1週）.xlsx

	A	B	C	D	E	F	G	H	I
1	商品名	単価	数量	軽減税率対象	売上金額(税抜)	売上金額(税込)			
2	ミネラルウォーター 24本	3552	10	※	35520	38361.6			
3	炭酸水 24本	4512	2	※	9024	9745.92			
4	炭酸水レモン 24本	4752	5	※	23760	25660.8			
5	特選緑茶 24本	5040	7	※	35280	38102.4			
6	アップルビネガードリンク 24本	5688	3	※	17064	18429.12			
7	ビールMUGI 24本	6912	7		48384	53222.4			
8	クラフトビールPureBlack 24本	7680	5		38400	42240			
9	クラフトビールPureSilk 24本	7680	6		46080	50688			
10									

列の幅が変更されている

＜　＞　**2月1日**　2月2日　2月3日　2月4日　2月5日　＋

③売上レポートに表の作成とデータ転記

　ブック「飲料売上（2月_第1週）.xlsx」の各シートを読み込み、新しくExcelのブック「飲料売上レポート（2月_第1週）.xlsx」（これを売上レポートとします）を作成しましょう。

　ブック「飲料売上（2月_第1週）.xlsx」には、日ごとの売上データが、シートごと（シート名が日付を表す）に整理されています。ここでは、ある期間（2月の第1週）を対象とした1週間の各商品の売上データをまとめた表を、ブック「飲料売上レポート（2月_第1週）.xlsx」に作成します。ブック「飲料売上（2月_第1週）.xlsx」のそれぞれの日ごとのシートから、「商品名」と「税抜の売上金額」のデータを読み込んで、ブック「飲料売上レポート（2月_第1週）.xlsx」にデータを転記していきます。ここでは、表を作成して、日ごとのデータを一覧で見られるように整理します。

　P.209のプログラム「6-1_2.py」をコピーして新しくプログラム「6-1_3.py」を作成し、40行目以降にプログラムを追記していきます。次のプログラムの緑色の部分が、追加したソースコードです。

プログラム：6-1_3.py

```
039  wb_a.save("飲料売上(2月_第1週).xlsx")
040
041  wb_b = Workbook()  ────────────────売上レポートのブックを作成
042  ws_b = wb_b.active
043  ws_b.title = "売上金額(税抜)"
044  ws_b["A1"] = "商品名"
045  sheet_num = 1
046  for sheet in sheet_list:
047      ws_b.cell(row=1, column=sheet_num+1, value=sheet.title)
048      row_num = 1
049      for row in sheet.values:
050          col_num = 1
051          for input_value in row:
052              if row_num > 1 and col_num == 1 and sheet_num == 1:
```

```python
053                ws_b.cell(row=row_num, column=1, value=input_value)
054            elif row_num > 1 and col_num == 5:
055                ws_b.cell(row=row_num, column=sheet_num+1, value=input_value)
056            col_num += 1
057        row_num += 1
058    sheet_num += 1
059 wb_b.save("飲料売上レポート(2月_第1週).xlsx") ←──────売上レポートのブックを保存
```

解説

⋮　　⋮

041 Workbookクラスのオブジェクト（ブック）を生成し、変数wb_bに代入する。

042 変数wb_b（ブック）を開いて最初に表示されるシートを取得し、変数ws_bに代入する。

043 変数ws_b（シート）のシート名を、文字列「売上金額（税抜）」に設定する。

044 変数ws_b（シート）のセルA1に、文字列「商品名」を設定する。

045 変数sheet_numに数値「1」を代入する。

046 変数sheet_listから要素を1つずつ変数sheetに代入する間繰り返す。

047 　変数ws_b（シート）の1行目、「変数sheet_numの値に1を足した結果」列目のセルに、変数
sheet（シート）のシート名を入力する。

048 　変数row_numに数値「1」を代入する。

049 　変数sheet（シート）のすべてのデータを、1行ずつ変数rowに代入する間繰り返す。

050 　　変数col_numに数値「1」を代入する。

051 　　変数rowからデータを1つずつ変数input_valueに代入する間繰り返す。

052 　　　変数row_numの値が数値「1」より大きい、かつ、変数col_numの値が数値「1」と等しい、かつ、変数sheet_numの値が数値「1」と等しい場合、次の処理を実行する。

053 　　　　変数ws_b（シート）の「変数row_numの値」行目、1列目のセルに、変数input_valueの値を入力する。

054 　　　そうではなく変数row_numの値が数値「1」より大きい、かつ、変数col_numの値が数値「5」と等しい場合、次の処理を実行する。

055 　　　　変数ws_b（シート）の「変数row_numの値」行目、「変数sheet_numの値に1を足した結果」列目のセルに、変数input_valueの値を入力する。

056 　　　変数col_numの値に数値「1」を足した結果を、変数col_numに代入する。

057 　　変数row_numの値に数値「1」を足した結果を、変数row_numに代入する。

058 　変数sheet_numの値に数値「1」を足した結果を、変数sheet_numに代入する。

059 変数wb_b（ブック）を「飲料売上レポート（2月_第1週）.xlsx」というファイル名で保存する。

実行結果

```
C:\Users\fuji_taro\Documents\FPT2413\06>python 6-1_3.py

C:\Users\fuji_taro\Documents\FPT2413\06>
```

　実行すると、プログラムと同じフォルダに新しく「飲料売上レポート（2月_第1週）.xlsx」が作成されます。表が作成されていることを確認しましょう。ブック「飲料売上（2月_第1週）.xlsx」の5つのシー

トから、商品名と、それに対応する日付の列に、税抜の売上金額のデータが正しく転記されていることを確認します。

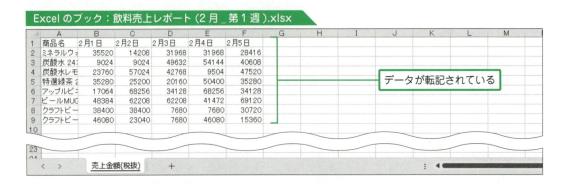

　46～58行目は、for文による繰り返し処理が3階層あり、複雑になっています。46～58行目では、ブック「飲料売上（2月_第1週）.xlsx」から5つのシートに対して処理を繰り返しています（5回処理を繰り返す）。その中の49～57行目では、1つのシート内において、1行ずつ処理を繰り返しています（9回処理を繰り返す）。さらにその中の51～56行目では、1セルずつ処理を繰り返しています（6回処理を繰り返す）。53行目で「商品名」の値、55行目で「売上金額（税抜）」の値をデータ転記します。

　次のような手順でブック「飲料売上(2月_第1週).xlsx」を読み込んで処理していきます。

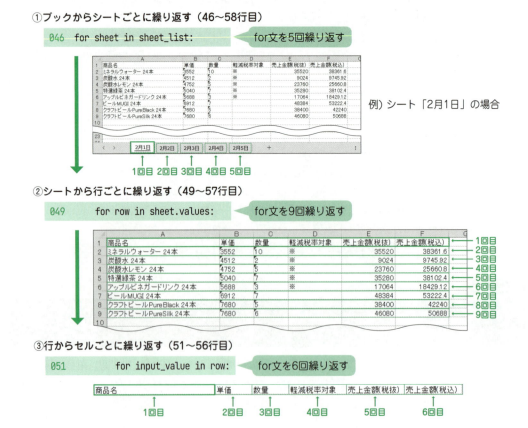

④売上レポートに書式の設定

ブック「飲料売上レポート（2月_第1週）.xlsx」の体裁（書式）を整えましょう。

まず、表に書式を設定します。表の列の幅を調整（A列を「30」に設定、B～F列を「11」に設定）し、表全体に罫線（細線）を設定します。表の見出しは、背景の色を「黄緑」の塗りつぶしに、セルの値の水平方向の位置を「中央寄せ」に、文字を「太字」に設定します。表の数値のデータに対しては、表示形式を「#,###」に設定します。

次に、表の上に5行挿入します。右上のセルF1に現在時刻で売上レポートの作成日を入力し、表示形式を「yyyy/m/d」に設定します。また、その左のセルE1には文字列「作成日」を入力し、セルの値の水平方向の位置を「右寄せ」に設定します。表の右上（5行挿入後のセルF5）に「単位：円」を入力します。5行挿入後の3行目に売上レポートのタイトルとして、「飲料売上レポート（2月 第1週）　※税抜金額」と入力します。なお、タイトルを入力する3行目のA～F列のセルを結合して、セルの値の文字のサイズを「20」に、セルの値の水平方向の位置を「中央寄せ」に設定します。

openpyxl.utilsモジュールをインポートして、**get_column_letter関数**を使用します。get_column_letter関数は、引数に「列番号」を指定すると、「列名」を取得できます。例えば「get_column_letter（2）」のように指定すると、列名「B」を取得します。

datetimeライブラリをインポートして、datetimeクラスの**nowメソッド**を使用します。「now（）」と指定すると、現在時刻を取得できます。

P.210のプログラム「6-1_3.py」をコピーして新しくプログラム「6-1_4.py」を作成し、2行目と7～8行目、62行目以降にプログラムを追記していきます。次のプログラムの緑色の部分が、追加したソースコードです。

プログラム：6-1_4.py

```
001 import csv
002 import datetime ──────────────────── インポートを追加
003 import os
004 import pathlib
005
006 from openpyxl import Workbook
007 from openpyxl.styles import Alignment, Border, PatternFill, Side, Font ┐
008 from openpyxl.utils import get_column_letter ──── インポートを追加
009
010 wb_a = Workbook()
 ⋮      ⋮
061     sheet_num += 1
062
063 pattern = PatternFill(patternType="solid", fgColor="00FF00")
064 side = Side(style="thin")
065 border_all = Border(top=side, bottom=side, left=side, right=side)
066 range_all = get_column_letter(ws_b.min_column) + str(ws_b.min_row) + ":" + get_column_
    letter(ws_b.max_column) + str(ws_b.max_row) ──────── セル範囲の文字列を作成
```

```python
067 row_num = 1
068 for row in ws_b[range_all]:
069     col_num = 1
070     for wc in row:
071         wc.border = border_all                                         罫線を設定
072         if row_num == 1:
073             wc.alignment = Alignment(horizontal="center")
074             wc.fill = pattern                                          色を設定
075             wc.font = Font(bold=True)
076             if col_num == 1:
077                 ws_b.column_dimensions[get_column_letter(col_num)].width = 30   幅を設定
078             else:
079                 ws_b.column_dimensions[get_column_letter(col_num)].width = 11   幅を設定
080         elif row_num > 1 and col_num > 1:
081             wc.number_format = "#,###"                                 表示形式を設定
082         col_num += 1
083     row_num += 1
084 ws_b.insert_rows(1, amount=5)
085 ws_b.cell(row=1, column=5, value="作成日")
086 ws_b["E1"].alignment = Alignment(horizontal="right")
087 ws_b.cell(row=1, column=6, value=datetime.datetime.now())            作成日を設定
088 ws_b["F1"].number_format = "yyyy/m/d"
089 ws_b.cell(row=5, column=6, value="単位：円")
090 ws_b["F5"].alignment = Alignment(horizontal="right")
091 ws_b.merge_cells(start_row=3, start_column=1, end_row=3, end_column=6)   セルを結合
092 ws_b.cell(row=3, column=1, value="飲料売上レポート（2月 第1週）　※税抜金額")
093 ws_b["A3"].font = Font(size=20)
094 ws_b["A3"].alignment = Alignment(horizontal="center")
095 wb_b.save("飲料売上レポート(2月_第1週).xlsx")
```

解説

⋮　　⋮

002 datetimeライブラリをインポートする。

⋮　　⋮

007 openpyxl.stylesモジュールのAlignmentクラス、Borderクラス、PatternFillクラス、Sideクラス、Fontクラスをインポートする。

008 openpyxl.utilsモジュールのget_column_letter関数をインポートする。

⋮　　⋮

063 色を「00FF00」（黄緑）の塗りつぶしで作成し、変数patternに代入する。

064 罫線を細線で作成し、変数sideに代入する。

065 変数sideの罫線を上下左右の位置に表示するように設定し、変数border_allに代入する。

066 変数ws_b（シート）の最小の列番号を列名に変換した結果と、最小の行番号を文字列に変換した結果と、文字列「:」と、最大の列番号を列名に変換した結果と、最大の行番号を文字列に変換した結果を連結して、変数range_allに代入する。

067 変数row_numに数値「1」を代入する。

068 変数ws_b（シート）の、変数range_allの範囲のデータを1行ずつ変数rowに代入する間繰り返す。

069 　　変数col_numに数値「1」を代入する。

070 　　変数rowからデータを1セルずつ変数wcに代入する間繰り返す。

071 　　　　変数wc（セル）の罫線に、変数border_allを代入する。

072 　　　　変数row_numの値が数値「1」と等しい場合、次の処理を実行する。

073 　　　　　　変数wc（セル）の値の配置を、水平方向を中央寄せにする。

074 　　　　　　変数wc（セル）の色に、変数patternを代入する。

075 　　　　　　変数wc（セル）に入力されている文字を太字に変更する。

076 　　　　　　変数col_numの値が数値「1」と等しい場合、次の処理を実行する。

077 　　　　　　　　変数ws_b（シート）の「変数col_numの値を列名に変換した結果」列の幅を「30」に設定する。

078 　　　　　　それ以外の場合、次の処理を実行する。

079 　　　　　　　　変数ws_b（シート）の「変数col_numの値を列名に変換した結果」列の幅を「11」に設定する。

080 　　　　そうではなく変数row_numの値が数値「1」より大きい、かつ、変数col_numの値が数値「1」より大きい場合、次の処理を実行する。

081 　　　　　　変数wc（セル）の値の表示形式を「#,###」に設定する。

082 　　　　変数col_numの値に数値「1」を足した結果を、変数col_numに代入する。

083 　　変数row_numの値に数値「1」を足した結果を、変数row_numに代入する。

084 変数ws_b（シート）の1行目に行を5行挿入する。

085 変数ws_b（シート）の1行目5列目のセルに、文字列「作成日」を入力する。

086 変数ws_b（シート）のセルE1の値の配置を、水平方向を右寄せにする。

087 変数ws_b（シート）の1行目6列目のセルに、現在時刻を入力する。

088 変数ws_b（シート）のセルF1の値の表示形式を「yyyy/m/d」にする。

089 変数ws_b（シート）の5行目6列目のセルに、文字列「単位：円」を入力する。

090 変数ws_b（シート）のセルF5の値の配置を、水平方向を右寄せにする。

091 変数ws_b（シート）の3行目1列目〜3行目6列目の範囲のセルを結合する。

092 変数ws_b（シート）の3行目1列目のセルに、文字列「飲料売上レポート（2月 第1週）　※税抜金額」を入力する。

093 変数ws_b（シート）のセルA3に入力されている文字のサイズを「20」に変更する。

094 変数ws_b（シート）のセルA3の値の配置を、水平方向を中央寄せにする。

実践　Pythonで業務の自動化を実践する

実行結果

```
C:\Users\fuji_taro\Documents\FPT2413\06>python 6-1_4.py

C:\Users\fuji_taro\Documents\FPT2413\06>
```

実行すると、プログラムと同じフォルダに新しくブック「飲料売上レポート（2月_第1週）.xlsx」が作成されます。指定したとおりに書式が設定されていることを確認しましょう。

　先頭に5行分の行が挿入され、1行目のセルE1～F1に、文字列「作成日」（水平方向の位置が「右寄せ」）と作成日付（今日の日付で入力、表示形式が「yyyy/m/d」）が正しく表示されていることを確認します。3行目に売上レポートのタイトルの名前と書式が正しく設定（セルA3～F3が結合、セルの値の水平方向の位置が「中央寄せ」、文字のサイズが「20」）されていることを確認します。表の右上のセルF5に「単位：円」（水平方向の位置が「右寄せ」）が入力され、表のA列の幅が「30」に、B～F列の幅が「11」に変更されていることを確認します。さらに、表全体に罫線（細線）が作成され、表の見出しが正しく設定（背景の色が「黄緑」の塗りつぶし、セルの値の水平方向の位置が「中央寄せ」、文字が「太字」）され、表の数値のすべてのデータに対して表示形式が「#,###」で表示されていることを確認します。

　68～83行目は、for文による繰り返し処理が2階層あります。68～83行目では、データが入力されているセルの範囲（5行挿入される前のセルA1～F9）に対して、1行ずつ処理を繰り返しています（9回処理を繰り返す）。さらにその中の70～82行目では、1セルずつ処理を繰り返しています（6回処理を繰り返す）。

⑤売上レポートにシートの追加と編集

　ブック「飲料売上レポート（2月_第1週）.xlsx」にシートを追加して、体裁（書式）を整えましょう。なお、作成されているシート「売上金額（税抜）」をコピーしてシートを追加し、その追加したシート名は「売上金額（税込）」にします。

　次に、データを編集します。ブック「飲料売上（2月_第1週）.xlsx」の各シート（日ごとの売上データが記載されている）の「商品名」と「税込の売上金額」のデータを読み込んで、ブック「飲料売上レポート（2月_第1週）.xlsx」のシート「売上金額（税込）」にデータを転記する形で編集していきます。なお、表の数値のデータが入力されている範囲には、すでに表示形式「#,###」が設定されているので、データを転記するだけで構いません。

　P.213のプログラム「6-1_4.py」をコピーして新しくプログラム「6-1_5.py」を作成し、95行目以

降にプログラムを追記していきます。次のプログラムの緑色の部分が、追加したソースコードです。

プログラム：6-1_5.py

```
094  ws_b["A3"].alignment = Alignment(horizontal="center")
095
096  ws_c = wb_b.copy_worksheet(ws_b)
097  ws_c.title = "売上金額(税込)"
098  sheet_num = 1
099  for sheet in sheet_list:
100      row_num = 6
101      for row in sheet.values:
102          col_num = 1
103          for input_value in row:
104              if row_num > 6 and col_num == 6:
105                  ws_c.cell(row=row_num, column=sheet_num+1, value=input_value)
106              col_num += 1
107          row_num += 1
108      sheet_num += 1
109  ws_c.cell(row=3, column=1, value="飲料売上レポート（2月 第1週）　※税込金額")
110  wb_b.save("飲料売上レポート(2月_第1週).xlsx")
```

解説

096　変数wb_b（ブック）の変数ws_b（シート）をコピーし、変数ws_cに代入する。

097　変数ws_c（シート）のシート名を、文字列「売上金額(税込)」に設定する。

098　変数sheet_numに数値「1」を代入する。

099　変数sheet_listから要素を1つずつ変数sheetに代入する間繰り返す。

100　　変数row_numに数値「6」を代入する。

101　　変数sheet（シート）のすべてのデータを、1行ずつ変数rowに代入する間繰り返す。

102　　　変数col_numに数値「1」を代入する。

103　　　変数rowからデータを1つずつ変数input_valueに代入する間繰り返す。

104　　　　変数row_numの値が数値「6」より大きい、かつ、変数col_numの値が数値「6」と等しい場合、次の処理を実行する。

105　　　　　変数ws_c（シート）の「変数row_numの値」行目、「変数sheet_numの値に1を足した結果」列目のセルに、変数input_valueの値を入力する。

106　　　　変数col_numの値に数値「1」を足した結果を、変数col_numに代入する。

107　　　変数row_numの値に数値「1」を足した結果を、変数row_numに代入する。

108　　変数sheet_numの値に数値「1」を足した結果を、変数sheet_numに代入する。

109　変数ws_c（シート）の3行目1列目のセルに、文字列「飲料売上レポート（2月 第1週）　※税込金額」を入力する。

> **実行結果**
> ```
> C:\Users\fuji_taro\Documents\FPT2413\06>python 6-1_5.py
> C:\Users\fuji_taro\Documents\FPT2413\06>
> ```

　実行すると、プログラムと同じフォルダに新しくブック「飲料売上レポート（2月_第1週）.xlsx」が作成されます。2つ目のシートとして「売上金額（税込）」が作成され、指定したとおりに編集されていることを確認しましょう。
　3行目に売上レポートのタイトル名が正しく編集されていることを確認します。ブック「飲料売上（2月_第1週）.xlsx」の5つのシートから、商品名に対応する日付の列に、税込の売上金額のデータが正しく転記されていることを確認します。

⑥売上レポートに積み上げ棒グラフの作成

　ブック「飲料売上レポート（2月_第1週）.xlsx」のシート「売上金額（税抜）」とシート「売上金額（税込）」に、それぞれのシートの表のデータを基にして、積み上げ棒グラフを作成しましょう。
　グラフのデータは7行目1列目から14行目6列目までの参照範囲を設定（1列目は見出しに設定）し、グラフのラベルは6行目2列目から6行目6列目までの参照範囲を設定します。グラフのY軸（縦軸）の最大値を「350000」に設定します。グラフの幅は「16.5」、高さを「14」にし、グラフがシートのセルA17に作成されるようにします。
　シート「売上金額（税抜）」の場合、グラフのタイトルは「日別売上金額（税抜）」に、グラフのX軸（横軸）の名前は「日付」に、グラフのY軸（縦軸）の名前は「売上金額（税抜）」に設定します。
　シート「売上金額（税込）」の場合、グラフのタイトルは「日別売上金額（税込）」に、グラフのX軸（横軸）の名前は「日付」に、グラフのY軸（縦軸）の名前は「売上金額（税込）」に設定します。
　P.217のプログラム「6-1_5.py」をコピーして新しくプログラム「6-1_6.py」を作成し、7行目と111行目以降にプログラムを追記していきます。次のプログラムの緑色の部分が、追加したソースコードです。

プログラム：6-1_6.py

```python
006  from openpyxl import Workbook
007  from openpyxl.chart import BarChart, Reference          インポートを追加
008  from openpyxl.styles import Alignment, Border, PatternFill, Side, Font
009  from openpyxl.utils import get_column_letter

110  ws_c.cell(row=3, column=1, value="飲料売上レポート（2月 第1週）　※税込金額")
111
112  data_1 = Reference(ws_b, min_col=1, min_row=7, max_col=ws_b.max_column, max_row=ws_b.max_row)
113  label_1 = Reference(ws_b, min_col=2, min_row=6, max_col=ws_b.max_column, max_row=6)
114  bar_1 = BarChart()
115  bar_1.type = "col"
116  bar_1.grouping = "stacked"
117  bar_1.overlap = 100
118  bar_1.add_data(data_1, from_rows=True, titles_from_data=True)
119  bar_1.set_categories(label_1)
120  bar_1.x_axis.title = "日付"
121  bar_1.y_axis.title = "売上金額（税抜）"
122  bar_1.title = "日別売上金額（税抜）"
123  bar_1.y_axis.scaling.max = 350000
124  bar_1.width = 16.5
125  bar_1.height = 14
126  ws_b.add_chart(bar_1, "A17")           「日別売上金額（税抜）」のグラフを作成
127  data_2 = Reference(ws_c, min_col=1, min_row=7, max_col=ws_c.max_column, max_row=ws_c.max_row)
128  label_2 = Reference(ws_c, min_col=2, min_row=6, max_col=ws_c.max_column, max_row=6)
129  bar_2 = BarChart()
130  bar_2.type = "col"
131  bar_2.grouping = "stacked"
132  bar_2.overlap = 100
133  bar_2.add_data(data_2, from_rows=True, titles_from_data=True)
134  bar_2.set_categories(label_2)
135  bar_2.x_axis.title = "日付"
136  bar_2.y_axis.title = "売上金額（税込）"
137  bar_2.title = "日別売上金額（税込）"
138  bar_2.y_axis.scaling.max = 350000
139  bar_2.width = 16.5
140  bar_2.height = 14
141  ws_c.add_chart(bar_2, "A17")           「日別売上金額（税込）」のグラフを作成
142  wb_b.save("飲料売上レポート(2月_第1週).xlsx")
```

解説

⋮　　⋮

007　openpyxl.chartモジュールのBarChartクラス、Referenceクラスをインポートする。

⋮　　⋮

112　変数ws_b（シート）の7行目1列目から「最大の行番号」行目「最大の列番号」列目までの参照範囲を指定して、変数data_1に代入する。

113　変数ws_b（シート）の6行目2列目から6行目「最大の列番号」列目までの参照範囲を指定して、変数label_1に代入する。

114　棒グラフのオブジェクトを作成し、変数bar_1に代入する。

115　変数bar_1の形式を「col」（棒グラフ）に設定する。

116　変数bar_1の棒グラフを「stacked」（積み重なるよう）に設定する。

117　変数bar_1の棒グラフを「100」（完全に重なるよう）に設定する。

118　変数data_1の参照範囲を、行ごとに読み込んで、1列目を見出しに指定して、変数bar_1のデータとして設定する。

119　変数label_1の参照範囲を、変数bar_1のラベルとして設定する。

120　変数bar_1のX軸（横軸）の名前に「日付」を設定する。

121　変数bar_1のY軸（縦軸）の名前に「売上金額（税抜）」を設定する。

122　変数bar_1のグラフのタイトルに「日別売上金額（税抜）」を設定する。

123　変数bar_1のY軸（縦軸）の最大値を「350000」に設定する。

124　変数bar_1の幅を「16.5」に設定する。

125　変数bar_1の高さを「14」に設定する。

126　変数ws_b（シート）のセルA17に、変数bar_1の積み上げ棒グラフを作成する。

127　変数ws_c（シート）の7行目1列目から「最大の行番号」行目「最大の列番号」列目までの参照範囲を指定して、変数data_2に代入する。

128　変数ws_c（シート）の6行目2列目から6行目「最大の列番号」列目までの参照範囲を指定して、変数label_2に代入する。

129　棒グラフのオブジェクトを作成し、変数bar_2に代入する。

130　変数bar_2の形式を「col」（棒グラフ）に設定する。

131　変数bar_2の棒グラフを「stacked」（積み重なるよう）に設定する。

132　変数bar_2の棒グラフを「100」（完全に重なるよう）に設定する。

133　変数data_2の参照範囲を、行ごとに読み込んで、1列目を見出しに指定して、変数bar_2のデータとして設定する。

134　変数label_2の参照範囲を、変数bar_2のラベルとして設定する。

135　変数bar_2のX軸（横軸）の名前に「日付」を設定する。

136　変数bar_2のY軸（縦軸）の名前に「売上金額（税込）」を設定する。

137　変数bar_2のグラフのタイトルに「日別売上金額（税込）」を設定する。

138　変数bar_2のY軸（縦軸）の最大値を「350000」に設定する。

139　変数bar_2の幅を「16.5」に設定する。

140　変数bar_2の高さを「14」に設定する。

141　変数ws_c（シート）のセルA17に、変数bar_2の積み上げ棒グラフを作成する。

⋮　　⋮

実行結果

```
C:\Users\fuji_taro\Documents\FPT2413\06>python 6-1_6.py

C:\Users\fuji_taro\Documents\FPT2413\06>
```

　実行すると、プログラムと同じフォルダに新しくブック「飲料売上レポート（2月_第1週）.xlsx」が作成されます。シート「売上金額（税抜）」とシート「売上金額（税込）」に、それぞれ積み上げ棒グラフが指定したとおりに作成されていることを確認しましょう。

　どちらのグラフもセルA17に作成されており、データの参照範囲（7行目1列目から14行目6列目まで）が設定され、ラベルの参照範囲（6行目2列目から6行目6列目まで）が設定されていることを確認します。グラフのY軸（縦軸）の最大値は「350000」に、グラフの幅は「16.5」、高さは「14」に設定されていることを確認します。それぞれのグラフで、タイトルや、グラフのX軸（横軸）とY軸（横軸）の名前が正しく設定されていることも確認します。

Excelのブック：飲料売上レポート（2月_第1週）.xlsx

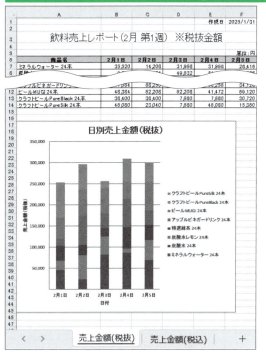
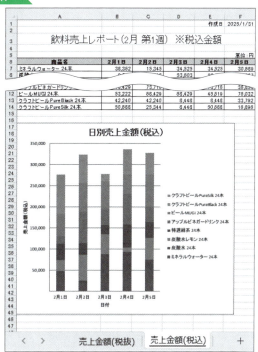

> 2月第1週の売上金額について、シートごとに「税別」と「税込」の場合に分けて、売上レポートを完成したよ。ここでは5日間の売上金額の推移と、商品別の比重が把握できるように視覚化してみたよ。いろいろ条件はあるけど、決められた形式のレポートを作成する場合には、Pythonを使って自動化することを検討してみよう。

⑦売上レポートをPDFファイルとして保存

完成したブック「飲料売上レポート（2月_第1週）.xlsx」のシート「売上金額（税抜）」とシート「売上金額（税込）」を基に、PDFファイル「飲料売上レポート（2月_第1週）. pdf」を作成（出力）します。なお、PDFファイルを作成するためには、基となるExcelのブックのファイル名と、作成するPDFファイルのファイル名は、そのファイル名までの絶対パスで指定する必要があります。

指定するファイルまでの絶対パスの情報を取得するために、resolveメソッドを利用します。resolveメソッドは、「str（ファイルパスの変数名.resolve()）」と指定すると、ファイルパスの変数名（ファイル名が格納）までを絶対パスに変換した文字列で取得します（P.125参照）。

P.219のプログラム「6-1_6.py」をコピーして新しくプログラム「6-1_7.py」を作成し、10行目と144行目以降にプログラムを追記していきます。次のプログラムの緑色の部分が、追加したソースコードです。

プログラム：6-1_7.py

```
     ⋮        ⋮
009  from openpyxl.utils import get_column_letter
010  import win32com.client ─────── インポートを追加
011
     ⋮        ⋮
143  wb_b.save("飲料売上レポート(2月_第1週).xlsx")
144
145  excel = win32com.client.Dispatch("Excel.Application")
146  input_path = pathlib.Path("飲料売上レポート(2月_第1週).xlsx")
147  output_path = pathlib.Path("飲料売上レポート(2月_第1週).pdf")
148  workbook = excel.Workbooks.Open(str(input_path.resolve()))
149  workbook.ExportAsFixedFormat(Type=0, Filename=str(output_path.resolve()))
150  workbook.Close(SaveChanges=False)
151  excel.Quit()
```

解説

```
     ⋮        ⋮
```
010 win32com.clientモジュールをインポートする。
```
     ⋮        ⋮
```
145 Excelのアプリケーションを開き、変数excelに代入する。

146 「飲料売上レポート(2月_第1週).xlsx」のファイルパスの情報を取得し、変数input_pathに代入する。

147 「飲料売上レポート(2月_第1週).pdf」のファイルパスの情報を取得し、変数output_pathに代入する。

148 変数input_pathのファイルパスを絶対パスに変換し、さらに文字列に変換した結果のファイルパスのブックを開き、変数workbookに代入する。

149 変数workbook（ブック）を、変数output_pathのファイルパスを絶対パスに変換し、さらに文字列に変換した結果のファイルパスに、PDFファイルとして保存する。
150 変数workbook（ブック）を保存せずに閉じる。
151 変数excel（Excelのアプリケーション）を終了する。

実行結果

```
C:\Users\fuji_taro\Documents\FPT2413\06>python 6-1_7.py

C:\Users\fuji_taro\Documents\FPT2413\06>
```

　実行すると、プログラムと同じフォルダに新しくPDFファイル「飲料売上レポート（2月_第1週).pdf」が作成されます。完成したブック「飲料売上レポート（2月_第1週).xlsx」の2つのシート「売上金額（税抜）」「売上金額（税込）」と同じ内容が、PDFファイルとして、それぞれ1ページずつ、合計2ページで作成されていることを確認しましょう。
　ここではPDFファイルをMicrosoft Edgeで開いています。そのほかにもPDFファイルを開くときによく使われるアプリケーションに、アドビの「Adobe Acrobat Reader」があります。

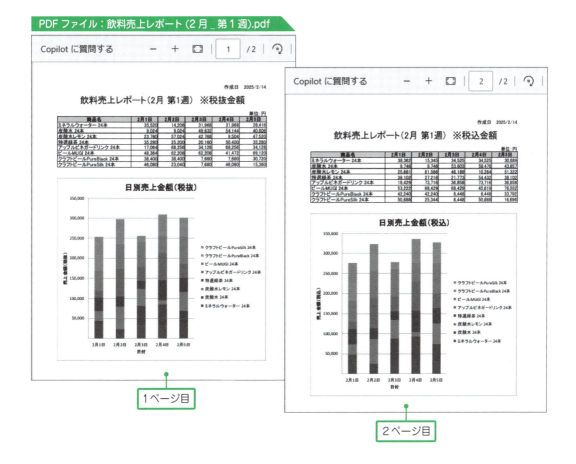

実践 2　販売データの分析

業務シーンを想定して、Pythonを使ったExcelファイルの操作の自動化を行います。まずは、販売データの分析の概要を確認して、順番にプログラムを作成していきましょう。

販売データの分析の概要

　コーヒーや紅茶を販売しているB社では、商品ごとに販売データ、在庫データ、原価データが、CSVファイルに定期的に作成されています。

　まず、「ある時点で作成された複数のCSVファイル」のデータを読み込み、新しくExcelのブックを作成して、読み込んだデータを転記して保存します。次に、作成したExcelのブックのシートに、別のシートからデータを転記して、販売データの分析用の表を作成します。その次に、販売データの分析用の表の体裁を整えたり、商品の在庫数に対して条件付き書式を設定したりします。最後に、販売データの分析用の表のデータを基にして「売上金額と利益」「販売数と在庫数」のグラフを作成して、2つの観点から販売データを分析します。

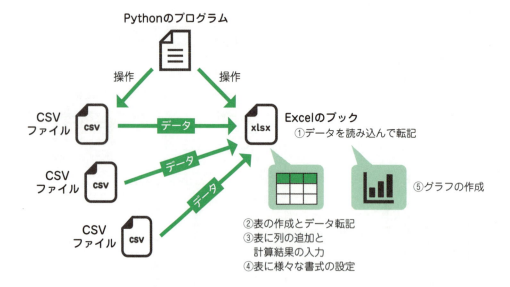

販売データを分析するために、毎回これだけの処理を手作業で行うのは大変だね。Pythonを使って自動化するよ。
それでは①〜⑤の手順で、段階的にPythonのプログラムを作っていくよ。

　このような一連の作業が自動化できれば、業務の効率化につながります。具体的な処理の手順は、次のとおりです。

①CSVファイルからExcelのブックへのデータ転記

フォルダ「販売関連データ」に格納されているCSVファイル「販売データ.csv」「販売前在庫.csv」「原価.csv」をすべて読み込み、新しくExcelのブック「販売データ分析.xlsx」を作成します。なお、Excelのブックには、シート「販売データ分析」と、CSVファイルに対応するシート「販売データ」「販売前在庫」「原価」を作成して保存します。

②表の作成とデータ転記

ブック「販売データ分析.xlsx」のシート「販売データ」「販売前在庫」「原価」を読み込み、シート「販売データ分析」に表を作成して一覧で見られるようにして（データを転記して）保存します。

③表に列の追加と計算結果の入力

ブック「販売データ分析.xlsx」のシート「販売データ分析」に3つの列「在庫数（販売後）」「売上金額」「利益」を追加し、それぞれ計算した結果を入力します。

④販売データ分析の表に書式の設定

ブック「販売データ分析.xlsx」のシート「販売データ分析」の表の体裁（書式）を整えます。また、列「在庫数（販売後）」の値に対して、条件付き書式を設定します。

⑤販売データ分析の表から棒グラフの作成

ブック「販売データ分析.xlsx」のシート「販売データ分析」に、表のデータを基にして、2つの棒グラフを作成します。1つ目の棒グラフでは「商品別の売上金額と利益」が表現できるもの、2つ目の棒グラフでは「商品別の販売数と在庫数」を表現できるものにします。

それでは、以降で1つ1つの手順を見ていきます。プログラムを順番に作成していきましょう。

① CSVファイルからExcelのブックへのデータ転記

　次のような、商品ごとの販売データ、在庫データ、原価データが記録されたCSVファイル「販売データ.csv」「販売前在庫.csv」「原価.csv」を扱うと想定します。

CSVファイル：販売データ.csv

```
001 商品名,単価,販売数
002 アールグレイ,1000,190
003 アップル,1600,60
004 キリマンジャロ,1000,110
005 ダージリン,1200,110
006 ブレンド,1800,20
007 モカ,1500,30
```

CSV ファイル：販売前在庫.csv

```
001 商品名,在庫数
002 アールグレイ,220
003 アップル,190
004 キリマンジャロ,170
005 ダージリン,200
006 ブレンド,120
007 モカ,140
```

CSV ファイル：原価.csv

```
001 商品名,原価
002 アールグレイ,850
003 アップル,1200
004 キリマンジャロ,900
005 ダージリン,1000
006 ブレンド,1300
007 モカ,900
```

これらのCSVファイルは、フォルダ「販売関連データ」に格納されています。3つのCSVファイルを読み込み、新しくExcelのブック「販売データ分析.xlsx」を作成してデータを転記します。なお、Excelのブックには、先頭に何も入力されていない空白のシート「販売データ分析」を作成し、そのあとにCSVファイルに対応するシート「販売データ」「販売前在庫」「原価」を順番に作成して保存します。

プログラム：6-2_1.py

```python
001 import csv
002
003 from openpyxl import Workbook
004
005 wb = Workbook()
006 ws_a = wb.active
007 ws_a.title = "販売データ分析"
008 ws_b = wb.create_sheet(title="販売データ")
009 with open("販売関連データ¥販売データ.csv", "r", encoding="utf8") as file:
010     for row in csv.reader(file):
011         ws_b.append(row)
012 ws_c = wb.create_sheet(title="販売前在庫")
013 with open("販売関連データ¥販売前在庫.csv", "r", encoding="utf8") as file:
014     for row in csv.reader(file):
015         ws_c.append(row)
016 ws_d = wb.create_sheet(title="原価")
017 with open("販売関連データ¥原価.csv", "r", encoding="utf8") as file:
```

```
018        for row in csv.reader(file):
019            ws_d.append(row)
020 ws_b.column_dimensions["A"].width = 15
021 ws_c.column_dimensions["A"].width = 15
022 ws_d.column_dimensions["A"].width = 15
023 wb.save("販売データ分析.xlsx")
```

解説

001 csvライブラリをインポートする。

002

003 openpyxlライブラリのWorkbookクラスをインポートする。

004

005 Workbookクラスのオブジェクト（ブック）を生成し、変数wbに代入する。

006 変数wb（ブック）を開いて最初に表示されるシートを取得し、変数ws_aに代入する。

007 変数ws_a（シート）のシート名を、文字列「販売データ分析」に設定する。

008 変数wb（ブック）の最後にシート「販売データ」を追加し、変数ws_bに代入する。

009 フォルダ「販売関連データ」にあるファイル「販売データ.csv」をモード「r」、エンコード「utf8」を指定して開き、変数fileに代入する。

010 変数fileの値をiterator型に変換した結果の要素を、1行ずつ変数rowに代入する間繰り返す。

011 変数ws_b（シート）に、変数rowの値を追記する。

012 変数wb（ブック）の最後にシート「販売前在庫」を追加し、変数ws_cに代入する。

013 フォルダ「販売関連データ」にあるファイル「販売前在庫.csv」をモード「r」、エンコード「utf8」を指定して開き、変数fileに代入する。

014 変数fileの値をiterator型に変換した結果の要素を、1行ずつ変数rowに代入する間繰り返す。

015 変数ws_c（シート）に、変数rowの値を追記する。

016 変数wb（ブック）の最後にシート「原価」を追加し、変数ws_dに代入する。

017 フォルダ「販売関連データ」にあるファイル「原価.csv」をモード「r」、エンコード「utf8」を指定して開き、変数fileに代入する。

018 変数fileの値をiterator型に変換した結果の要素を、1行ずつ変数rowに代入する間繰り返す。

019 変数ws_d（シート）に、変数rowの値を追記する。

020 変数ws_b（シート）のA列の幅を「15」に設定する。

021 変数ws_c（シート）のA列の幅を「15」に設定する。

022 変数ws_d（シート）のA列の幅を「15」に設定する。

023 変数wb（ブック）を「販売データ分析.xlsx」というファイル名で保存する。

実行結果

```
C:\Users\fuji_taro\Documents\FPT2413\06>python 6-2_1.py

C:\Users\fuji_taro\Documents\FPT2413\06>
```

　実行すると、プログラムと同じフォルダに新しくExcelのブック「販売データ分析.xlsx」が作成されます。先頭に空白のシート「販売データ分析」が作成され、そのあとにフォルダ「販売関連データ」に格納

されている3つのCSVファイルに対応した3つのシート「販売データ」「販売前在庫」「原価」が順番に作成され、データが転記されていることを確認しましょう。なお、シート「販売データ」「販売前在庫」「原価」のA列は、入力された値の文字数が多く、右側が隠れた状態で表示されるため、すべての値を表示するために列の幅に「15」を設定しています。

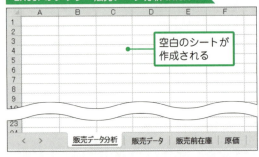
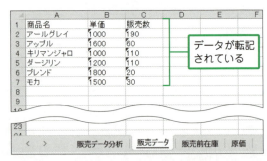
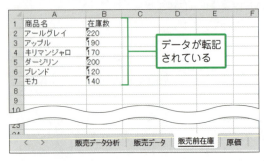
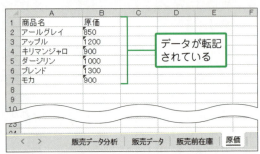

②表の作成とデータ転記

　ブック「販売データ分析.xlsx」のシート「販売データ」「販売前在庫」「原価」を読み込み、シート「販売データ分析」に表を作成しましょう。

　ブック「販売データ分析.xlsx」には、ある時点における商品ごとの販売データ、販売前在庫、原価の3つのデータが整理されています。ここでは、各商品のこれらの販売関連データをまとめた表を、ブック「販売データ分析.xlsx」のシート「販売データ分析」に作成します。シート「販売データ」からは「商品名」「単価」「販売数」のデータを、シート「販売前在庫」からは「在庫数」のデータを、シート「原価」からは「原価」のデータを読み込んで、シート「販売データ分析」にデータを転記していきます。ここでは、表を作成して、商品ごとにデータを一覧で見られるように整理します。

　P.226のプログラム「6-2_1.py」をコピーして新しくプログラム「6-2_2.py」を作成し、23行目以降にプログラムを追記していきます。次のプログラムの緑色の部分が、追加したソースコードです。

プログラム：6-2_2.py

```
022  ws_d.column_dimensions["A"].width = 15
```

```python
023
024 ws_a.column_dimensions["A"].width = 15
025 row_num = 1
026 for row in ws_b.values:
027     col_num = 1
028     for input_value in row:
029         if row_num > 1 and col_num > 1:
030             ws_a.cell(row=row_num, column=col_num, value=int(input_value))
031         else:
032             ws_a.cell(row=row_num, column=col_num, value=input_value)
033         col_num += 1
034     row_num += 1
035 row_num = 1
036 col_num = 4
037 for row in ws_c["B1:B7"]:
038     for input_cell in row:
039         if row_num > 1:
040             ws_a.cell(row=row_num, column=col_num, value=int(input_cell.value))
041         else:
042             ws_a.cell(row=row_num, column=col_num, value=input_cell.value)
043     row_num += 1
044 row_num = 1
045 col_num = 5
046 for row in ws_d["B1:B7"]:
047     for input_cell in row:
048         if row_num > 1:
049             ws_a.cell(row=row_num, column=col_num, value=int(input_cell.value))
050         else:
051             ws_a.cell(row=row_num, column=col_num, value=input_cell.value)
052     row_num += 1
053 wb.save("販売データ分析.xlsx")
```

解説

⋮	⋮

024 変数ws_a（シート）のA列の幅を「15」に設定する。

025 変数row_numに数値「1」を代入する。

026 変数ws_b（シート）のすべてのデータを、1行ずつ変数rowに代入する間繰り返す。

027 　変数col_numに数値「1」を代入する。

028 　変数rowからデータを1つずつ変数input_valueに代入する間繰り返す。

029 　　変数row_numの値が数値「1」より大きい、かつ、変数col_numの値が数値「1」より大きい場合、次の処理を実行する。

030	変数ws_a（シート）の「変数row_numの値」行目、「変数col_numの値」列目のセルに、変数input_valueの値を数値に変換した結果を入力する。
031	それ以外の場合、次の処理を実行する。
032	変数ws_a（シート）の「変数row_numの値」行目、「変数col_numの値」列目のセルに、変数input_valueの値を入力する。
033	変数col_numの値に数値「1」を足した結果を、変数col_numに代入する。
034	変数row_numの値に数値「1」を足した結果を、変数row_numに代入する。
035	変数row_numに数値「1」を代入する。
036	変数col_numに数値「4」を代入する。
037	変数ws_c（シート）のセルB1〜B7の範囲のデータを、1行ずつ変数rowに代入する間繰り返す。
038	変数rowからデータを1セルずつ変数input_cellに代入する間繰り返す。
039	変数row_numの値が数値「1」より大きい場合、次の処理を実行する。
040	変数ws_a（シート）の「変数row_numの値」行目、「変数col_numの値」列目のセルに、変数input_cellの値を数値に変換した結果を入力する。
041	それ以外の場合、次の処理を実行する。
042	変数ws_a（シート）の「変数row_numの値」行目、「変数col_numの値」列目のセルに、変数input_cellの値を入力する。
043	変数row_numの値に数値「1」を足した結果を、変数row_numに代入する。
044	変数row_numに数値「1」を代入する。
045	変数col_numに数値「5」を代入する。
046	変数ws_d（シート）のセルB1〜B7の範囲のデータを、1行ずつ変数rowに代入する間繰り返す。
047	変数rowからデータを1セルずつ変数input_cellに代入する間繰り返す。
048	変数row_numの値が数値「1」より大きい場合、次の処理を実行する。
049	変数ws_a（シート）の「変数row_numの値」行目、「変数col_numの値」列目のセルに、変数input_cellの値を数値に変換した結果を入力する。
050	それ以外の場合、次の処理を実行する。
051	変数ws_a（シート）の「変数row_numの値」行目、「変数col_numの値」列目のセルに、変数input_cellの値を入力する。
052	変数row_numの値に数値「1」を足した結果を、変数row_numに代入する。
⋮	⋮

実行結果

```
C:\Users\fuji_taro\Documents\FPT2413\06>python 6-2_2.py

C:\Users\fuji_taro\Documents\FPT2413\06>
```

　実行すると、プログラムと同じフォルダに新しく「販売データ分析.xlsx」が作成されます。シート「販売データ分析」に、表が作成されていることを確認しましょう。

　A〜C列にはシート「販売データ」から「商品名」「単価」「販売数」のデータが、D列にはシート「販売前在庫」から「在庫数」のデータが、E列にはシート「原価」から「原価」のデータが正しく転記されていることを確認します。また、A列の幅が「15」に設定されていることも確認します。

30、40、49行目のように、数値のデータを転記する際には、int関数を使って数値に変換する必要がありますが、32、42、51行目のように、文字列のデータを転記する際には、その必要はありません。
　25〜34行目はシート「販売データ」からのデータ転記の処理を、35〜43行目はシート「販売前在庫」からのデータ転記の処理を、44〜52行目はシート「原価」からのデータ転記の処理をしています。P.73のように26行目のWorksheetオブジェクトのvaluesプロパティで取得した値は、セルに入力されている値（文字列）だけを取得するのに対して、37行目や46行目のWorksheetオブジェクトの「セルの範囲」で取得したデータはセル自体のデータを取得します。よって、セルの値を取得するには「.value」を付けて、40、42、49、51行目では「input_cell.value」と指定する必要があります。一方、30、32行目では「input_value」と指定するだけでセルの値を取得できます。

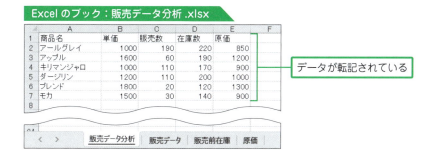

③表に列の追加と計算結果の入力

　ブック「販売データ分析.xlsx」のシート「販売データ分析」に3つの列「在庫数（販売後）」「売上金額」「利益」を追加し、それぞれ計算した結果を入力しましょう。
　まず、D列の右側に列を1列挿入して、セルE1に「在庫数（販売後）」と入力します。この時点でF列までデータが入力されており、セルG1に「売上金額」と入力し、セルH1に「利益」と入力します。
　次に、追加した3つの列に対して、計算をした値を入力します。セルE2〜E7には、販売後の在庫数を入力します。販売前の在庫数はセルD2〜D7に、販売数はセルC2〜C7に入力されているため、例えばセルE2には数式「=D2-C2」が入力されるようにします。
　セルG2〜G7には、売上金額を入力します。単価はセルB2〜B7に、販売数はセルC2〜C7に入力されているため、例えばセルG2には数式「=B2＊C2」が入力されるようにします。
　セルH2〜H7には、利益を入力します。単価はセルB2〜B7に、原価はセルF2〜F7に、販売数はセルC2〜C7に入力されているため、例えばセルH2には数式「=（B2-F2）＊C2」が入力されるようにします。
　P.228のプログラム「6-2_2.py」をコピーして新しくプログラム「6-2_3.py」を作成し、53行目以降にプログラムを追記していきます。次のプログラムの緑色の部分が、追加したソースコードです。

プログラム：6-2_3.py

```
       ⋮
052    row_num += 1
053
```

```
054  ws_a.insert_cols(5)
055  ws_a["E1"] = "在庫数（販売後）"
056  ws_a["G1"] = "売上金額"
057  ws_a["H1"] = "利益"
058  for row_num in range(2, 8):
059      formula_1 = "=D" + str(row_num) + "-C" + str(row_num)————数式を作成
060      formula_2 = "=B" + str(row_num) + "*C" + str(row_num)————数式を作成
061      formula_3 = "=(B" + str(row_num) + "-F" + str(row_num) + ")*C" + str(row_num)
062      ws_a.cell(row=row_num, column=5, value=formula_1)        数式を作成
063      ws_a.cell(row=row_num, column=7, value=formula_2)
064      ws_a.cell(row=row_num, column=8, value=formula_3)
065  wb.save("販売データ分析.xlsx")
```

解説

⋮　　　⋮

054　変数ws_a（シート）の5列目に列を1列挿入する。

055　変数ws_a（シート）のセルE1に、文字列「在庫数（販売後）」を設定する。

056　変数ws_a（シート）のセルG1に、文字列「売上金額」を設定する。

057　変数ws_a（シート）のセルH1に、文字列「利益」を設定する。

058　「2〜7」の範囲内の数値を1つずつ変数row_numに代入する間繰り返す。

059　文字列「=D」と、変数row_numの値を文字列に変換した結果と、文字列「-C」と、変数row_numの値を文字列に変換した結果とで連結した値を、変数formula_1に代入する。

060　文字列「=B」と、変数row_numの値を文字列に変換した結果と、文字列「*C」と、変数row_numの値を文字列に変換した結果とで連結した値を、変数formula_2に代入する。

061　文字列「=(B」と、変数row_numの値を文字列に変換した結果と、文字列「-F」と、変数row_numの値を文字列に変換した結果と、文字列「)*C」と、変数row_numの値を文字列に変換した結果とで連結した値を、変数formula_3に代入する。

062　変数ws_a（シート）の「変数row_numの値」行目、5列目のセルに、変数formula_1の値を入力する。

063　変数ws_a（シート）の「変数row_numの値」行目、7列目のセルに、変数formula_2の値を入力する。

064　変数ws_a（シート）の「変数row_numの値」行目、8列目のセルに、変数formula_3の値を入力する。

⋮　　　⋮

実行結果

```
C:\Users\fuji_taro\Documents\FPT2413\06>python 6-2_3.py

C:\Users\fuji_taro\Documents\FPT2413\06>
```

　実行すると、プログラムと同じフォルダに新しく「販売データ分析.xlsx」が作成されます。シート「販売データ分析」に、E列には「在庫数（販売後）」が、G列には「売上金額」が、H列には「利益」が追加されていることを確認しましょう。追加された3つの列は、それぞれ1行目には見出しが、2〜7行目には

数式が正しく入力され、計算された値が表示されていることを確認します。

　58～64行目では、for文による繰り返し処理を、変数row_numの値が「2～7」の範囲で、6回繰り返しています。これはExcelのブックのシート「販売データ分析」の2～7行目に対する処理に該当します。59～61行目で3種類の数式を組み立てて、それぞれ62行目でE列（column=5）、63行目でG列（column=7）、64行目でH列（column=8）に入力しています。

④販売データ分析の表に書式の設定

　ブック「販売データ分析.xlsx」のシート「販売データ分析」の表の体裁（書式）を整えましょう。
　まず、表の列の幅を調整（E列を「15」、G列とH列を「10」に設定）し、表全体に罫線（細線）を設定します。表の見出しは、背景の色を「薄い灰」の塗りつぶしに、セルの値の水平方向の位置を「中央寄せ」に設定します。表の数値のデータは、表示形式を「#,###」に設定します。また、列「在庫数（販売後）」の値（セルE2～E7）に条件付き書式として、数値が100より小さい値の場合に色を「赤」で塗りつぶすよう設定します。
　P.231のプログラム「6-2_3.py」をコピーして新しくプログラム「6-2_4.py」を作成し、4～5行目と67行目以降にプログラムを追記していきます。次のプログラムの緑色の部分が、追加したソースコードです。

プログラム：6-2_4.py

```
001  import csv
002
003  from openpyxl import Workbook
004  from openpyxl.formatting.rule import CellIsRule          ←インポートを追加
005  from openpyxl.styles import Alignment, Border, PatternFill, Side  ←インポートを追加
006
 ⋮      ⋮
066      ws_a.cell(row=row_num, column=8, value=formula_3)
067
068  ws_a.column_dimensions["E"].width = 15
069  ws_a.column_dimensions["G"].width = 10
070  ws_a.column_dimensions["H"].width = 10
```

```
071  pattern = PatternFill(patternType="solid", fgColor="B0B0B0")
072  side = Side(style="thin")
073  border_all = Border(top=side, bottom=side, left=side, right=side)
074  row_num = 1
075  for row in ws_a["A1:H7"]:
076      col_num = 1
077      for wc in row:
078          wc.border = border_all
079          if row_num == 1:
080              wc.alignment = Alignment(horizontal="center")
081              wc.fill = pattern
082          elif row_num > 1 and col_num > 1:
083              wc.number_format = "#,###"
084          col_num += 1
085      row_num += 1
086  rule = CellIsRule(operator="lessThan", formula=[100], fill=PatternFill(patternType="sol
     id", bgColor="FF0000"))
087  ws_a.conditional_formatting.add("E2:E7", rule)
088  wb.save("販売データ分析.xlsx")
```

解説

004 openpyxl.formatting.ruleモジュールのCellIsRuleクラスをインポートする。

005 openpyxl.stylesモジュールのAlignmentクラス、Borderクラス、PatternFillクラス、Sideクラス
　　　をインポートする。

068 変数ws_a（シート）のE列の幅を「15」に設定する。

069 変数ws_a（シート）のG列の幅を「10」に設定する。

070 変数ws_a（シート）のH列の幅を「10」に設定する。

071 色を「B0B0B0」（薄い灰）の塗りつぶしで作成し、変数patternに代入する。

072 罫線を細線で作成し、変数sideに代入する。

073 変数sideの罫線を上下左右の位置に表示するように設定し、変数border_allに代入する。

074 変数row_numに数値「1」を代入する。

075 変数ws_a（シート）のセルA1〜H7の範囲のデータを、1行ずつ変数rowに代入する間繰り返す。

076 　　変数col_numに数値「1」を代入する。

077 　　変数rowからデータを1セルずつ変数wcに代入する間繰り返す。

078 　　　　変数wc（セル）の罫線に、変数border_allを代入する。

079 　　　　変数row_numの値が数値「1」と等しい場合、次の処理を実行する。

080 　　　　　　変数wc（セル）の値の配置を、水平方向を中央寄せにする。

081 　　　　　　変数wc（セル）の色に、変数patternを代入する。

082	そうではなく変数row_numの値が数値「1」より大きい、かつ、変数col_numの値が数値「1」より大きい場合、次の処理を実行する。
083	変数wc（セル）の値の表示形式を「#,###」にする。
084	変数col_numの値に数値「1」を足した結果を、変数col_numに代入する。
085	変数row_numの値に数値「1」を足した結果を、変数row_numに代入する。
086	100より小さい値の場合に、色を「FF0000」（赤色）の塗りつぶしにする条件付き書式を作成し、変数ruleに代入する。
087	変数ws_a（シート）の条件付き書式に、セルE2～E7の範囲で変数ruleを追加する。

実行結果

```
C:\Users\fuji_taro\Documents\FPT2413\06>python 6-2_4.py
C:\Users\fuji_taro\Documents\FPT2413\06>
```

　実行すると、プログラムと同じフォルダに新しく「販売データ分析.xlsx」が作成されます。シート「販売データ分析」に、表のE列の幅が「15」に、G列とH列の幅が「10」に変更されていることを確認しましょう。さらに、表全体に罫線（細線）が作成され、表の見出しが正しく設定（背景の色が「薄い灰」の塗りつぶし、セルの値の水平方向の位置が「中央寄せ」）され、表の数値のすべてのデータに対して表示形式が「#,###」で表示されていることを確認しましょう。さらに、セルE2～E7の範囲に条件付き書式が設定され、「100より小さい値」の条件に該当する場合に、赤で塗りつぶされていることを確認しましょう。

　なお、赤で塗りつぶされているセルは「アールグレイ」「キリマンジャロ」「ダージリン」になっていて、在庫数が不足する可能性があることを視覚的に示しています。状況に応じて、条件付き書式の条件を変えてみましょう。

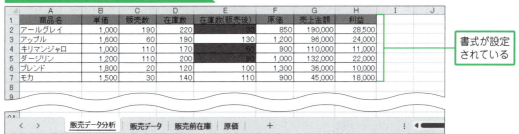

⑤販売データ分析の表から棒グラフの作成

　ブック「販売データ分析.xlsx」のシート「販売データ分析」に、表のデータを基にして、2つの棒グラフを作成しましょう。

　1つ目の棒グラフは「商品別の売上金額と利益」が表現できるものにします。グラフのデータは1行目7列目から7行目8列目までの参照範囲を設定（1行目は見出しに設定）し、グラフのラベルは2行目1

列目から7行目1列目までの参照範囲を設定します。グラフのタイトルは「商品別の売上金額と利益」に、グラフのX軸（横軸）の名前は「商品名」に、グラフのY軸（縦軸）の名前は「売上金額」に設定します。グラフの幅を「16.5」、高さを「15」にし、グラフがシートのセルA9に作成されるようにします。

　2つ目の棒グラフは「商品別の販売数と在庫数」が表現できるものにします。グラフのデータは1行目3列目から7行目5列目までの参照範囲を設定（1行目は見出しに設定）し、グラフのラベルは2行目1列目から7行目1列目までの参照範囲を設定します。グラフのタイトルは「商品別の販売数と在庫数」に、グラフのX軸（横軸）の名前は「商品名」に、グラフのY軸（縦軸）の名前は「数量」に設定します。グラフの幅を「16.5」、高さを「15」にし、グラフがシートのセルI9に作成されるようにします。

　P.233のプログラム「6-2_4.py」をコピーして新しくプログラム「6-2_5.py」を作成し、4行目と89行目以降にプログラムを追記していきます。次のプログラムの緑色の部分が、追加したソースコードです。

プログラム：6-2_5.py

```
001  import csv
002
003  from openpyxl import Workbook
004  from openpyxl.chart import BarChart, Reference ──────── インポートを追加
005  from openpyxl.formatting.rule import CellIsRule
006  from openpyxl.styles import Alignment, Border, PatternFill, Side
        ︙       ︙
088  ws_a.conditional_formatting.add("E2:E7", rule)
089
090  data_1 = Reference(ws_a, min_col=7, min_row=1, max_col=ws_a.max_column, max_row=ws_
     a.max_row)
091  label_1 = Reference(ws_a, min_col=1, min_row=2, max_col=1, max_row=ws_a.max_row)
092  bar_1 = BarChart()
093  bar_1.type = "col"
094  bar_1.add_data(data_1, titles_from_data=True)
095  bar_1.set_categories(label_1)
096  bar_1.x_axis.title = "商品名"
097  bar_1.y_axis.title = "売上金額"
098  bar_1.title = "商品別の売上金額と利益"
099  bar_1.width = 16.5
100  bar_1.height = 15
101  ws_a.add_chart(bar_1, "A9")
102  data_2 = Reference(ws_a, min_col=3, min_row=1, max_col=5, max_row=ws_a.max_row)
103  label_2 = Reference(ws_a, min_col=1, min_row=2, max_col=1, max_row=ws_a.max_row)
104  bar_2 = BarChart()
105  bar_2.type = "col"
106  bar_2.add_data(data_2, titles_from_data=True)
107  bar_2.set_categories(label_2)
```

```
108  bar_2.x_axis.title = "商品名"
109  bar_2.y_axis.title = "数量"
110  bar_2.title = "商品別の販売数と在庫数"
111  bar_2.width = 16.5
112  bar_2.height = 15
113  ws_a.add_chart(bar_2, "I9")
114  wb.save("販売データ分析.xlsx")
```

解説

⋮　　⋮

004 openpyxl.chartモジュールのBarChartクラスとReferenceクラスをインポートする。

⋮　　⋮

090 変数ws_a（シート）の1行目7列目から「最大の行番号」行目「最大の列番号」列目までの参照範囲を指定して、変数data_1に代入する。

091 変数ws_a（シート）の2行目1列目から「最大の行番号」行目1列目までの参照範囲を指定して、変数label_1に代入する。

092 棒グラフのオブジェクトを作成し、変数bar_1に代入する。

093 変数bar_1の形式を「col」（棒グラフ）に設定する。

094 変数data_1の参照範囲を、1行目を見出しに指定して、変数bar_1のデータとして設定する。

095 変数label_1の参照範囲を、変数bar_1のラベルとして設定する。

096 変数bar_1のX軸（横軸）の名前に「商品名」を設定する。

097 変数bar_1のY軸（縦軸）の名前に「売上金額」を設定する。

098 変数bar_1のグラフのタイトルに「商品別の売上金額と利益」を設定する。

099 変数bar_1の幅を「16.5」に設定する。

100 変数bar_1の高さを「15」に設定する。

101 変数ws_a（シート）のセルA9に、変数bar_1の棒グラフを作成する。

102 変数ws_a（シート）の1行目3列目から「最大の行番号」行目5列目までの参照範囲を指定して、変数data_2に代入する。

103 変数ws_a（シート）の2行目1列目から「最大の行番号」行目1列目までの参照範囲を指定して、変数label_2に代入する。

104 棒グラフのオブジェクトを作成し、変数bar_2に代入する。

105 変数bar_2の形式を「col」（棒グラフ）に設定する。

106 変数data_2の参照範囲を、1行目を見出しに指定して、変数bar_2のデータとして設定する。

107 変数label_2の参照範囲を、変数bar_2のラベルとして設定する。

108 変数bar_2のX軸（横軸）の名前に「商品名」を設定する。

109 変数bar_2のY軸（縦軸）の名前に「数量」を設定する。

110 変数bar_2のグラフのタイトルに「商品別の販売数と在庫数」を設定する。

111 変数bar_2の幅を「16.5」に設定する。

112 変数bar_2の高さを「15」に設定する。

113 変数ws_a（シート）のセルI9に、変数bar_2の棒グラフを作成する。

⋮　　⋮

実行結果

```
C:\Users\fuji_taro\Documents\FPT2413\06>python 6-2_5.py

C:\Users\fuji_taro\Documents\FPT2413\06>
```

　実行すると、プログラムと同じフォルダに新しく「販売データ分析.xlsx」が作成されます。シート「販売データ分析」に、2つの棒グラフが指定したとおりに作成されていることを確認しましょう。

Excelのブック：販売データ分析.xlsx

	A	B	C	D	E	F	G	H
1	商品名	単価	販売数	在庫数	在庫数(販売後)	原価	売上金額	利益
2	アールグレイ	1,000	190	220	30	850	190,000	28,500
3	アップル	1,600	60	190	130	1,200	96,000	24,000
4	キリマンジャロ	1,000	110	170	60	900	110,000	11,000
5	ダージリン	1,200	110	200	90	1,000	132,000	22,000
6	ブレンド	1,800	20	120	100	1,300	36,000	10,000
7	モカ	1,500	30	140	110	900	45,000	18,000

（商品別の売上金額と利益／商品別の販売数と在庫数の棒グラフ）

シートタブ：販売データ分析　販売データ　販売前在庫　原価

　1つ目の棒グラフはセルA9に作成されていることを確認します。データの参照範囲（1行目7列目から7行目8列目まで）が設定され、ラベルの参照範囲（2行目1列目から7行目1列目まで）が設定されていることを確認します。グラフの幅は「16.5」、高さは「15」に、グラフのタイトルやX軸（横軸）とY軸（横軸）の名前が正しく設定されていることも確認します。「商品別の売上金額と利益」の棒グラフでは、売上が大きい順に「アールグレイ」「ダージリン」と続くことがわかります。それぞれの商品の利益は売上の大きさに比例して大きくなりますが、「アップル」や「モカ」は、売上の大きさの割に利益が大きいことがわかります。

　2つ目の棒グラフはセルI9に作成されていることを確認します。データの参照範囲（1行目3列目から7行目5列目まで）が設定され、ラベルの参照範囲（2行目1列目から7行目1列目まで）が設定せれていることを確認します。グラフの幅は「16.5」、高さは「15」に、グラフのタイトルやX軸（横軸）とY軸（横軸）の名前が正しく設定されていることも確認します。「商品別の販売数と在庫数」の棒グラフでは、「アールグレイ」の販売数が大きく、販売後の在庫数が不足しそうだということがわかります。また、「キリマンジャロ」や「ダージリン」の販売数も大きい方で、販売後の在庫数が少なくなっているため、少なくともこれら3つの商品は、在庫数を補充する必要があることがわかります。

索引

記号

-（減算）	37, 42
-=	38
:（コロン）	51, 56
!=	52
?	105
.（ピリオド）	25, 70, 71, 87
'（シングルクォーテーション）	33
"（ダブルクォーテーション）	33
*	37, 40, 105
**	37
*=	38
**=	38
/	37
//	37
/=	38
//=	38
\（バックスラッシュ）	35
¥	35, 105, 125
¥'	35
¥"	35
¥n	35, 122, 124
¥t	35
%	37
%=	38
+	37, 40
+=	38
<	52
<=	52
=	32
==	52
>	52
>=	52

A

activeプロパティ	70
add_chartメソッド	175
add_dataメソッド	175
add_data_validationメソッド	159
addメソッド	159
Alignmentクラス	134
and	54
appendメソッド（Worksheetオブジェクト）	118
appendメソッド（リスト）	45

B

BarChartクラス	67, 175
basename関数	206
Beautiful Soup	14, 66
bgColor属性	146
bool型	33
Borderクラス	67, 141
border属性	142
breakpoint関数	63

C

CellIsRuleクラス	163
Cellクラス	67
cellメソッド	70
cellモジュール	67
chartモジュール	67, 174
clientモジュール	124
Closeメソッド	125
column_dimensions属性	87, 149
conditional_formatting属性	163
copy_worksheetメソッド	94
COUNTIF関数	77
countメソッド	47
create_sheetメソッド	89
csv.reader関数	115
csv.writer関数	120
CSV形式（CSVファイル）	113
csvライブラリ	66, 115

D

DataLabelListクラス	183
DataPointクラス	195
DataValidationクラス	159
datetimeライブラリ	66, 213
delete_colsメソッド	85
delete_rowsメソッド	85

239

del文	48
Dispatch関数	124
Django	14
dPt属性	195

E・F

elif節	51
else節	51
Excel	13, 15
Excelの関数	77
Excelファイルの操作	13
ExportAsFixedFormatメソッド	124
extendメソッド	47
False	52
fgColor属性	146
fill属性	145
float型	33
Fontクラス	152
font属性	152
formula属性	163
formula1属性	160
for文	55
freeze_panes属性	166

G・H

get_column_letter関数	213
globメソッド	104
graphicalProperties.solidFill属性	195
grouping属性	181
height属性（行）	149
height属性（グラフ）	191
hidden属性	87
horizontal属性	134

I

IDE	24
idx属性	195
if文	51
ImportError	60
IndexError	60
indexメソッド	49
input関数	41
insert_colsメソッド	82
insert_rowsメソッド	82

int型	33
int関数	41, 43
iterator（イテレータ）	55

J・L

JSON形式（JSONファイル）	113
len関数	45
LineChartクラス	187
load_workbook関数	70
lowerメソッド	157

M・N・O

mathライブラリ	66
Matplotlib	66
max_columnプロパティ	179
max_rowプロパティ	179
merge_cellsメソッド	152
move_sheetメソッド	92
NameError	60
normalize関数	154
not	54
nowメソッド	213
number_format属性	137
NumPy	14, 18, 66
OpenCV	66
openpyxl	14, 66, 67
openpyxlのバージョン	178
open関数	114
operator属性	163
or	54
os.pathモジュール	206
overlap属性	181, 183

P

Pandas	14, 18, 66
pathlibライブラリ	66, 104
Pathクラス	104
PatternFillクラス	67, 145
patternType属性	146
PDFファイル	124
PEP8	80
PieChartクラス	67, 183
Pillow	66
pipコマンド	68

position属性	194
print関数	34, 35, 62
Python	12
Python in Excel	17
Pythonのアンインストール	23
Pythonのインストール	20
Pythonのバージョン	22, 178

Q・R

Quitメソッド	125
randomライブラリ	66
range型	56
range関数	56, 58
readメソッド	114
Referenceクラス	174
removeメソッド（Workbookオブジェクト）	98
removeメソッド（リスト）	48
Requests	66
resolveメソッド	125, 222
RGBカラーコード	146
ROUND関数	77
row_dimensions属性	87, 149

S

saveメソッド	74
scikit-learn	14, 18, 66
security属性	110
set_categoriesメソッド	176
Sheetnamesプロパティ	94
showErrorMessage属性	160
Sideクラス	141
solidFill属性	195
str型	33
str関数	42
stylesモジュール	67, 134
style属性	142
SUM関数	77
swapcaseメソッド	157
sys.argv	80
sysライブラリ	66, 80

T・U

TensorFlow	66
timeライブラリ	66

title属性	176
titleプロパティ	96
titleメソッド	157
Tkinterライブラリ	66
True	52
TypeError	60
type属性	159, 176, 180, 181
unicodedataライブラリ	154
upperメソッド	157
UTF-8	114
utilsモジュール	213

V・W・X・Y・Z

valuesプロパティ	73, 137
valueプロパティ	70
VBA	16
vertical属性	134
Visual Basic for Applications	16
Visual Studio Code (VSCode)	24
Webアプリケーション	14
while文	55
width属性（グラフ）	191
width属性（列）	149
win32comライブラリ	124
with文	114
WorkbookProtectionクラス	110
Workbookクラス	67, 70
workbookモジュール	67
worksheetsプロパティ	100, 169
Worksheetクラス	67, 70
worksheetモジュール	67
writerowsメソッド	120
writerowメソッド	120
writeメソッド	119
x_axis属性	176
XML形式（XMLファイル）	113
y_axis属性	176
ZeroDivisionError	60

あ行

位置引数	43
インデックス	44, 48
インポート	66
エスケープシーケンス	35

エディタ	23
エラー	60
演算子	36
オープンソース	12
オブジェクト	13, 67
オブジェクト指向	13

か行

開発ツール	23
外部ライブラリ	65, 66
拡張子	25
関数	40
キーワード引数	43
機械学習	13
組み込み関数	40
クラス	67
構文エラー	60
コマンド	29, 31
コマンドプロンプト	22, 24, 28, 30

さ行

算術演算子	37
シート	70
式	36
条件分岐	51
数式	77
スクリプト言語	12
スクレイピング	14
スライス	45
整数	33
絶対パス	124
セル	70
属性	87

た行

代入	32
多次元リスト	49
定型処理	18
定数	36
データ型	33
データ分析	13
テキスト形式 (テキストファイル)	113
デバッグ	61
統合開発環境	24

は行

バグ	61
パス	28
パッケージ	67
パラメータ	79
凡例	194
比較演算子	52
引数	40
否定	54
標準ライブラリ	65
ファイルの拡張子	25
ブール	33
ブック	70
浮動小数点数	33, 43
フレームワーク	14
フローチャート	53
ブロック	51
プロパティ	71
ヘッダ	83
変数	32

ま行

マルチプラットフォーム対応	12
メソッド	45
メモ帳	24, 26
モード	114, 119
モジュール	67
文字列	33
戻り値	41

や行・ら行・わ行

要素	44
ライブラリ	13, 65, 67
リスト	44
累算代入演算子	38
例外	60
レコード	113
論理エラー	61
論理演算子	54
論理積	54
論理和	54
ワイルドカード	105

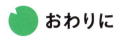

おわりに

　最後まで学習を進めていただき、ありがとうございました。PythonによるExcelの自動化の学習はいかがでしたか？

　本書では、業務での利用頻度が高いExcelの作業を、Pythonによって自動化するための入門書として、Pythonのインストールや最低限必要となるPythonの基本構文から解説し、Pythonを使ったExcelファイルを操作するための様々な方法を解説しました。また、最後の実践の章では、業務シーンを想定した自動化するためのプログラムを解説しました。「プログラムが思ったとおりに動いた！」「Pythonのプログラムでこんなこともできるんだ！」など、学習を進める中で楽しさや発見がありましたら幸いです。

　プログラミングの学習は、テキストを1回読んだだけではなかなか理解が難しいかもしれませんが、その場合は「実践してみよう」のプログラムを実行して解説と照らし合わせてみたり、「実習問題」をもう一度解き直したりしてみてください。また、実践の章のプログラムをもう一度作成してみたり、実行して解説と照らし合わせてみたりしてください。プログラミングに慣れていくことで、段々とわかるようになっていくはずです。

　Pythonの魅力は、ライブラリを利用することで、Excelファイルの操作、機械学習、データ分析、スクレイピングなどができることです。さらに、1章でも解説しましたが、自動化のためにPythonとExcelを連携するメリットには、「作業を効率化する」「作業のミスを減らす」「高度な処理にもつなげられる」があります。

　本書を読み終えたら、普段の業務でのExcelの手作業について、ぜひPythonを使って自動化するプログラムを作成してみてください。自動化できてよかったと思っていただけることを願っています。

FOM出版

よくわかる
Python による
Excel 自動化入門
～ Python 初心者でもここまでできる ～
（FPT2413）

2025年4月27日　初版発行

著作／制作：株式会社富士通ラーニングメディア

発行者：佐竹　秀彦

発行所：FOM出版（株式会社富士通ラーニングメディア）
　　　　〒212-0014 神奈川県川崎市幸区大宮町1番地5 JR川崎タワー
　　　　https://www.fom.fujitsu.com/goods/

印刷／製本：株式会社サンヨー

イラスト：かみじょーひろ

制作協力：リブロワークス

- ●本書は、構成・文章・プログラム・画像・データなどのすべてにおいて、著作権法上の保護を受けています。本書の一部あるいは全部について、いかなる方法においても複写・複製など、著作権法上で規定された権利を侵害する行為を行うことは禁じられています。
- ●本書に関するご質問は、ホームページまたはメールにてお寄せください。
  ＜ホームページ＞
  上記ホームページ内の「FOM出版」から「QAサポート」にアクセスし、「QAフォームのご案内」からQAフォームを選択して、必要事項をご記入の上、送信してください。
  ＜メール＞
  FOM-shuppan-QA@cs.jp.fujitsu.com
  なお、次の点に関しては、あらかじめご了承ください。
  ・ご質問の内容によっては、回答に日数を要する場合があります。
  ・本書の範囲を超えるご質問にはお答えできません。
  ・電話やFAXによるご質問には一切応じておりません。
- ●本製品に起因してご使用者に直接または間接的損害が生じても、株式会社富士通ラーニングメディアはいかなる責任も負わないものとし、一切の賠償などは行わないものとします。
- ●本書に記載された内容などは、予告なく変更される場合があります。
- ●落丁・乱丁はお取り替えいたします。

©2025 Fujitsu Learning Media Limited
Printed in Japan
ISBN978-4-86775-150-3